基金项目:“广西职业教育智能制造专业群发展研究基地”项目(桂教职成〔2018〕37号)

智能制造专业群人才培养模式理论研究与实践探索

陶　权 / 著

吉林大学出版社
·长春·

图书在版编目(CIP)数据

智能制造专业群人才培养模式理论研究与实践探索 / 陶权著. — 长春 : 吉林大学出版社, 2022.1
ISBN 978-7-5692-9908-3

Ⅰ. ①智… Ⅱ. ①陶… Ⅲ. ①智能制造系统—人才培养—培养模式—研究 Ⅳ. ①TH166

中国版本图书馆CIP数据核字(2022)第018298号

书　　名：智能制造专业群人才培养模式理论研究与实践探索
ZHINENG ZHIZAO ZHUANYEQUN RENCAI PEIYANG MOSHI LILUN YANJIU YU SHIJIAN TANSUO

作　　者：陶　权　著
策划编辑：邵宇彤
责任编辑：王寒冰
责任校对：田茂生
装帧设计：优盛文化
出版发行：吉林大学出版社
社　　址：长春市人民大街4059号
邮政编码：130021
发行电话：0431-89580028/29/21
网　　址：http://www.jlup.com.cn
电子邮箱：jldxcbs@sina.com
印　　刷：定州启航印刷有限公司
成品尺寸：170mm×240mm　16开
印　　张：14
字　　数：242千字
版　　次：2022年1月第1版
印　　次：2022年1月第1次
书　　号：ISBN 978-7-5692-9908-3
定　　价：68.00元

前言

preface

《教育部 财政部关于实施中国特色高水平高职学校和专业建设计划的意见》（教职成〔2019〕5 号）指出，打造技术技能人才培养高地和技术技能创新服务平台。

2018 年 8 月，广西工业职业技术学院获得广西壮族自治区教育厅第一批广西职业教育智能制造专业群发展研究基地项目（桂教职成〔2018〕37 号）；2018 年广西工业职业技术学院获广西诊断与改进工作试点单位；2015—2019 年广西工业职业技术学院分别获工业自动化示范特色专业及实训基地、工业机器人示范特色专业及实训基地、装备制造技术示范特色专业及实训基地三个千万元建设项目；2019 年广西工业职业技术学院获广西高水平高职学校建设单位，其中机械制造与自动化（智能制造）专业群入选广西高水平专业群。

为了顺利完成智能制造专业群发展研究基地项目，项目组建立了由示范特色专业及实训基地千万元建设项目、学院双高院校建设项目、广西诊断与改进工作试点单位构成的专业群发展研究平台，依托该研究平台，广西工业职业技术学院智能制造学院积极开展智能制造专业群发展研究，在机械制造与自动化、电气自动化技术、工业机器人技术等专业中实践探索，经过三年的理论研究和实践探索，本书在智能制造专业群的产教融合校企合作机制建设、人才培养模式创新、课程体系的优化、实训基地打造、结构化教学团队建设、专业服务产业能力等方面进行了研究，特别是在现代学徒制和产业学院方面做出了特色，具有一定的理论意义和较高的实用价值。

本书由陶权统稿，其中第一章、第二章由陶权、王娟撰写；第三章由杨铨撰写；第四章由吴坚撰写；第五章的第一节由度国旭、曲宏远撰写，第二节由庞广富、谢彤撰写，第三节由梁倍源、杨志（广西机械工业研究院有限责任公司）撰写，第四节由度国旭撰写；第六章由梁艳娟撰写。本书在撰写过程中得到了广西机械工业研究院有限责任公司的大力支持，在此表示衷心的感谢！

由于作者水平有限，书中难免存在不足之处，敬请专家、学者不吝指正。

陶权

2021 年 8 月

目录
contents

第一章　专业群建设的理论基础

第一节　专业群建设概述

一、专业群定义

所谓专业，是学校根据社会发展以及经济建设的需要，参照学科分类、社会职业分工、科学技术等发展现状来设置的学业类别，不同类型的职业院校所设置的专业类别也大相径庭。以培养专门人才从事专门业务领域为教学目标是职业教育的显著特点。

专业群可以理解为将一个或几个重点培养的就业前景好、办学实力强的专业作为核心专业，若干个专业基础知识相近、工程对象一致、技术领域相近或职业岗位相关的专业构建的一个总的集合。

20世纪90年代中期，一部分职业院校开始自发地对专业群这一建设思想进行分析和试验，而“专业群”概念在官方文件中正式提出是在2006年，《教育部、财政部关于实施国家示范性高等职业院校建设计划加快高等职业教育改革与发展的意见》中指出：“中央在100所示范院校中，选择500个左右办学理念先进、产学结合紧密、特色鲜明、就业率高的专业进行重点支持……形成500个以重点建设专业为龙头、相关专业为支撑的重点建设专业群，提高示范院校对经济社会发展的服务能力。”《教育部 财政部关于实施中国特色高水平高职学校和专业建设计划的意见》再次提到这一概念。因此，建设高水平专业群是推动高职学校教育内涵发展的重要抓手，要充分发挥专业群的群效应，加大整合力度，借助“群”的优势来实现相关教育资源的整合共享，最终达到人才培养和产业发展两端要素全方位融合的目标。

官方指导意见的出台开启了“专业群”建设理念的发展热潮，越来越多的高职院校开始加入这一概念的研究和实践中，“专业群”建设也成为高职院校教育内涵建设的一项热点。

二、专业群的形成机理和基本特征

目前，高职院校的专业目录设置相对来说分类较细，并且有些高职院校各专业自成体系，不少专业存在规模小、实力弱的现状。在产业集群发展背景下，这些院校和专业显然不能满足产业链发展对高职院校教育所提出的新要求，即使是实力强的单个专业也无法满足市场发展的需求，从而使校企间的合作很难深入，困难重重。专业群建设可使各专业共享单个专业无法实现的对产业发展的整体把握。同时，集群内的各专业之间也能形成良性的竞争机制，并且可根据产业发展变化来实时调整集群内各专业之间的规模比例和课程体系，使专业群人才培养和产业发展保持深度融合。可见，专业群是高职院校教育适应产业发展的新理念。

机理由形成要素以及各要素之间的关系两方面组成，是万事万物变化的理由和道理。专业群的机理除了“学科基础”这一要素外，更要从“职业特征”上去把握。

专业群首要因素是由哪些专业构成，核心专业是什么。专业群作为一个集群系统，对外输出的是面向一定职业岗位群的人才。专业群系统中各个要素的特点由相关的职业岗位群决定，如集群内人才培养模式的创新、教学内容的补充、课程体系的不断优化以及教学团队的建设、教学条件的改善等。为了培养出高水平人才，满足职业岗位群对从业者各方面的要求，专业群系统的良性运行必须依托系统外部信息与能量的不断输入与更新，掌握产业先进技术，紧跟行业发展潮流，不断优化专业群内部系统来适应外部环境的变化。

系统内各要素的质量及关系是专业群系统能够顺利运行的关键。因此，专业群内各专业的结构关系、人才培养模式、课程体系、实践教学条件、师资结构与水平是专业群建设的基本内涵。

专业群具有以下几点特征：

（1）具有体现群内各专业共性特征的职业岗位群。职业岗位群可能是某类职业的不同技术岗位，如健康类职业岗位群；可能对应相关产业链中的一环，如智能制造产业专业群的职业岗位群；可能是某类技术的相关职业岗位，如信息技术 、机器人制造等职业岗位群。

（2）群内各专业的人才培养模式具有一定的共性特征，如旅游类专业群，其共性特征是工学结合的形式要充分关注旅游业的季节性。

（3）群内各专业要设置一定的基础课程，这也是专业群能够形成的必要条件。高职院校专业群的建设既要突出职业性，又不能忽略学科性，在共享平台课程中增加一定的学科基础知识，提高学生的综合素质。

（4）群内教学资源在一定程度上可以实现共享，特别是师资、实践教学条件和共享课程资源等。

三、专业群建设的原则

专业群建设十分必要，并且有以下几点原则需要遵循。

（一）关联性

专业群要有关联性，也就是说专业群内的各个专业之间职业岗位相关、专业基础相通以及专业领域相近。

（二）共享性

共享性是指特色专业群内各专业形成相互支撑、相互促进的共享关系，以彰显专业群的整体特色，共享专业群内的教学资源。

1. 师资共享

在建设高水平专业群的大背景下，优化人力资源管理和配置是提高教师队伍建设的重要手段。建设高水平专业群的关键点在于高职院校教师队伍的建设，这也是专业群内涵建设的关键内容。高水准、结构化的教师队伍是专业群建设的重要内容。同时，教师队伍的建设也必须依靠整个专业群的资源，借助各个专业的资源整合来对教师进行培训，以龙头专业的骨干教师来带动其他专业的教师。尤其是基础相对薄弱的专业可以借助龙头专业的优势资源来弥补自身的不足，达到阶梯式发展的目的。专业群的建设应该以优化教师队伍结构为手段，通过调整年龄、职称、学历等指标的比例来优化教师资源的配置，使师资队伍的结构化建设更上一个新台阶。

专业群建设由以下几部分要素构成：人才培养的模式、教师队伍的建设以及实践条件的建设等。这些要素中最重要的就是教师队伍的建设。在职业教育中，开放性的跨界教育是其本质。职业教育的内容除了强调教育性外，职业性也不可忽视，这就决定了其产教结合以及工学相融的教学过程。

专业群建设的可持续发展离不开优势明显、资源互补、架构合理的教师队伍，不过规模式扩张的方式并不利于专业群教师队伍的建设。以提高教师的使用效率来降低专业教师的储备率是行之有效的办法之一。将整个群内的相关教师按照专业、年龄、学历等进行整体编排和优化，同时鼓励相关教师开设两门或两门以上的专业课程，来减少教师队伍资源的重叠和浪费。

专业群的建设对教师队伍的形成也起着促进作用。以专业群为基础，以专业群带头人为龙头，以双师素质教师为主体，最终形成集群式的教师队伍，形成良好的专业师资环境。

2. 实践条件共享

高职院校应以专业群内各专业的核心技能训练为基础，按专业群分类组建校内校外资源合一的实训基地。

以专业群内各专业所需要的基础知识以及技能为出发点，来设置满足群内大部分专业基础技能的实训项目，最终构建出大部分专业能够互通互享的基础技能训练模块。

针对专业群内技术领域相近、典型职业工作过程相似的专业，开发出可供若干专业共享或针对特定专业的专项技能型实训项目，构建共享或针对特定专业的专项技能训练环节。

以满足专业群内各专业不同职业能力的培养要求为着力点，结合专业和基础技能模块的实训内容，打造出相关专业的生产性实践项目，形成专项和综合能力训练模块。

基于课程模块，构建基本实训、专项技能实训、生产性实战、创新实体四层递进的实践教学体系。

3. 平台课程共享

专业群的课程体系一般是采用“共享平台课 + 模块课”组合形式。

专业群“共享平台课”是指群内各专业都开设的课程，是同时服务于几个专业的课程，该类课程共享性高、渗透性强、覆盖面广。

“模块课”是参照不同专业或者不同专门化的方向，来设置的能体现相关专业特点的课程。

（三）稳定性与动态性相结合

专业群建设除了要考虑群内各专业之间的相互协调，还要把握群内专业与最终产业链的无缝对接，同时要兼顾整个集群的相对稳定以及尽量灵活。因此，专业群的构建有以下几点要求：

（1）将专业群建设的统筹安排和规划作为着力点。学校要积极主动参与并服务区域产业链，做到与区域主干产业集群的紧密对接。在专业群建设之前，做好万全的人才需求分析和专业调研，做到与地方产业集群的无缝对接。再以各专业之间相近的内容为基础，形成职业岗位相近、专业方向相似的共同群组。

（2）学校要彰显自身办学特色。学校在建设专业群过程中，必须抓住地方区域经济建设的传统优势和特色产业，在发挥传统优势办学的基础上，彰显学校的特色。

（3）动态调整专业结构。一是需要保持专业群核心课程和共享平台课程建设的相对稳定，以彰显高职院校的专业特征及办学特色；二是需要根据产业发展对人才需求的变化，动态调整招生计划以及优化产业结构，形成灵活可变的专业结构调整机制，以期在整体发展稳定的前提下，展现专业群调整机制的灵活性，最终实现专业结构布局的优化调整。

（四）协同性

协同性为职业院校专业群建设提供了理论支撑与现实依据，是高职院校专业群建设的基本准则。

就高职院校来说，科学地组建专业群是发挥专业群集聚效应的前提，在明晰这一前提的基础上，进一步回答“组建什么”“如何组建”等后续命题。依据高等教育核心理论之一的教育内外部规律论，高等职业教育作为高等教育的重要组成部分，同时受到文化发展和社会经济水平两方面的影响，应根据社会政治、经济、科技的发展情况，调整培养目标、专业结构及优化课程体系。同时，作为一项培养高素质技术技能型人才的活动，高等职业教育的社会服务功能不可小觑，其目的是要为社会经济、政治、科技发展服务，促进高职院校人才培养供给侧结构与产业发展需求侧结构要素实现全方位融合。

1.外部可适应

我国经济增长方式的不断转变使产业集群效应不断得到显现，高素质技能人才也越来越受到重视。与社会经济发展联系最为紧密的高等职业教育更应将社会经济发展所需要的技术技能型人才作为重点培养对象，明确人才供给与产业需求之间的关系，以专业群作为高职教育人才培养的重要载体，为当地社会经济发展输出更多更优质的技术技能型人才。

一是适应经济动能转换。目前，我国经济的发展关键点在于发展方式的转变、增长动力的转换以及经济结构的优化，而作为与社会经济发展联系最为密切的职业教育，需要准确对接当地的产业需求，优化专业布局，创新服务措施，通过为社会输送更多的技术技能型人才来助力区域经济的发展。

二是适应产业结构升级。经济发展方式的不断转变决定了产业结构也应由低级业态向高级业态转变。产业结构的升级需要伴随着职业教育的升级，包括教育层次的调整、专业设置的优化、教学内容与方式的更新、人才培养模式的创新以及人才培养质量的提升等，最终实现产业结构与人力资源结构的协调。

三是适应信息技术发展要求。随着不断更新的信息技术与传统行业的融合碰撞，新兴业态迅速发展，新行业、新岗位、新的经济增长点不断涌现，相关职业岗位也显现出逐步分化且综合的发展趋势。因此，职业教育的专业课程和方向的设置也应随之调整，这就需要在优化课程体系、更新教材内容、创新人才培养模式以及调整内部机制等方面加大力度来满足信息技术改革所提出的新要求。

2.内部可优化

高职院校专业群的设置除了要应对社会外部环境迅速变革的诉求，在教育系统内部专业结构的调整方面也要实现快速优化，同时在教学资源配置方面实现共建共享以及在内部治理体系方面实现强化改革。

一是有效整合教学资源。职业教育得以高速发展的前提和基础是教学资源的有效整合，这也是高职院校人才培养的基本要素。在专业群建设过程中，优化整合教学资源，既能够将资源进行集中配置，将分散的单一的发展目标整合为集群整体的发展目标，来降低宏观调控的难度，又能够提高资源使用率，重新整合校企双方的可利用资源，建成互通互享的实践教学基地、“双师型”教师队伍以及技术服务平台等教学载体，实现集群内资源的优势互补。

二是灵活构建治理体系。责权一致、界限明晰、分工合理、高效灵活的治理体系能够使专业群快速适应区域经济快速发展、产业不断升级、需求逐渐增加等新时代职业教育特点。专业群的建设既能够使高职院校打破专业的界限，又可以使行业企业的自主权进一步扩大，充分发挥群内资源集聚优势，提高运转效率。

3.内外可协同

结合上述职业院校专业群外部适应性和内部关联性特征，作为一个独立主体的职业院校专业群，不仅要满足系统外部行业企业用人单位的需求，提供大量高素质技术技能型人才，还要不断汲取系统外部的能量信息，保持群内各专业结构关系、教育教学资源等要素的优化完善，进而发挥专业群对区域产业经济发展的人才支撑作用。

要从整体角度进行职业院校专业群建设，要结合专业特点和办学特色，面向区域传统优势产业和重点产业，精确分析产业结构与专业结构的关系，合理进行专业结构布局，建立精准对接产业、动态调整布局、自我优化完善的专业群建设发展机制，形成教育对接产业、专业群对接岗位群的专业建设生态系统。

一是按需选择对接产业。高职院校的办学特点主要取决于其设置专业的特点，而专业特点又主要取决于专业所对接的产业。由此可见，确定什么样的对接产业是职业院校凸显专业内涵、优化专业结构的关键所在。在选择所对接的相关产业时，高职院校应根据当地区域经济发展对技术技能型人才需求的不断变化来实时调整其专业设置，提高产业人才需求与学校供给的匹配度。

二是动态调整专业规划。专业群建设是高职院校的内在发展与产业外部需求相结合的产物。产业发展是不断变化的过程，而产业链则是随着科学技术水平的提高、区域产业结构的调整升级以及经济社会需求的变化而不断变化的，专业群的发展规划也需要紧跟产业链的发展不断进行调整。

三是自我完善内部格局。通过组建专业群，充分挖掘专业群内部各个专业的发展潜力，汇聚各个专业的发展合力，将各个专业的发展方向和步调统筹起来，激活专业内部的发展动力，形成优势互补的新局面。

四、专业群建设的基本路径

（一）优化专业群结构，对接产业需求

以服务社会为宗旨，以就业能力提升为导向，紧密对接行业企业需求、灵活培养人才是高职院校办学目标。随着产业结构的调整、经济转型升级进度的推进，高职院校应建立专业预警机制，构建合理的专业群。地方政府和教育部门应根据当前区域产业发展规划，指导各高职院校统筹规划专业群建设，使本区域职业院校科学设置专业群结构的同时，促进各个高职院校形成各具特色、布局合理的专业群结构，使高职院校的专业群设置与区域产业链准确对接。

（二）强化专业群建设，彰显专业特色

当前，在专业群建设方面，大部分高职院校还没有找到自身的特色发展之路，但产业链各环节要求高职院校的人才培养要与当地的社会经济状况相匹配。这就要求高职院校在专业群建设方面要进一步凸显自身的专业特点，以龙头专业的优势来引领群内其他专业的发展，使教学资源共享。同时，加大专业群建设力度，推动集群内各专业与产业链相关环节的对接，使专业群对区域产业链起到更好的服务作用。优化专业群建设，凝聚群内专业发展动力，形成优势品牌专业，彰显专业特色。需注意的是，在加强专业群建设时应遵循少而精，不宜强调多而全。

（三）深化专业群内涵建设，推进校企合作

推动产业链内企业与高职院校进行合作办学是高职院校专业建设和人才培养的有效途径，也是高职院校专业群内涵建设的必要方法。产业链内的企业与院校专业群建设还体现在专业群课程体系的优化、相关教学准则的制定、教师

队伍的打造、双师制度的完善等方面的深度融合，这对目前高职院校的专业群建设来说是亟待解决的问题。

（四）构建合理的运行体制，为专业群建设保驾护航

构建合理的运行体制，以适应高职院校教育教学要求。在确立了合适的运行体制之后，再设置合理的目标考核制度以及正确的政策导向，充分调动集群内教师队伍的工作积极性和主观能动性。

（五）建立专业群评估机制，助力专业动态调整

产业链的发展是一个动态的过程，这就需要与其对接的专业群要有一个良好的、可持续的自我动态调整机制。通过第三方的评估机制可以很好地帮助专业群建立一个动态调整机制，评估包括考察专业与产业之间的对接度，专业教学、实践环节之间的契合度，专业教学资源的共享度，专业人才培养的满意度等各个方面。通过专业群第三方评估机制的建立，定期对专业群内专业展开评估，以应对市场的变化，促进专业群内专业的优化调整，推动专业群动态调整、可持续发展，满足产业链内企业的各种需求。

（六）确立评价体系与标准，引导专业群建设方向

专业群评价体系的构建需要遵循以下几点原则：一是设置教学质量、教学评价、教学整改等体系来保证机制的有效运行；二是加强教学管理，包括教学质量的评分、考核、奖惩等制度的健全；三是在评价机制中，将过程管理与结果管理相结合，使教学质量的监督考核形成一个良性的、开放的、可持续发展的体系；四是将就业率、起薪点、专业对口率、对区域经济发展贡献率等作为高职院校毕业生教学质量评价的重要考核依据。

第二节　专业群的组群逻辑

2017 年，《国务院办公厅关于深化产教融合的若干意见》（国办发〔2017〕95 号）提出：“推动学科专业建设与产业转型升级相适应。建立紧密对接产业链、创新链的学科专业体系。”“组群逻辑”是高水平专业群建设的逻辑起点，逻辑起点不清晰、不科学、不严密，后续的课程结构、师资队伍、实训基地、质量评价体系等建设工作也就缺少了基本的依据。

专业群的组群逻辑有三种：基于产业群逻辑、基于岗位群逻辑、基于知识结构逻辑。在专业群组建时不管使用哪种组群逻辑，其逻辑起点都离不开“三

相一共”的原则，即专业基础相通、技术领域相近、职业岗位相关以及教学资源共享。

一、依据产业群发展的组群逻辑

这类专业群的组建依照的是某一产业的相关情况，如产业结构、链式发展等因素，同时随着经济结构的调整以及产业升级而不断变化。这类专业群的组建要求高职院校有着充裕的资金支持，同时有着深厚的制造类专业底蕴，以实现链条上各环节的有机融合。该专业群组建的难度在于课程的设置并不是根据岗位知识特征对原来课程内容进行逐一修改，而是要根据所对接产业群特点，将相关课程知识进行解构，并依据产业群的群内关系进行优化重构，使专业群内各个课程实现横向与纵向的衔接，彰显专业群人才培养路径个性化。

这类专业群组建的关键体现在三个方面。

（1）专业群与区域经济重点产业群对接。以“中国制造”向“中国智造”的转变为组群依据，加强对相关专业群的建设，以企业发展的目标为前提，设置相适应的运行机制，完成专业群与相关区域产业群的无缝对接，增强人才培养和技能形成的针对性和有效性。这类专业群一般按照“服务国家战略”的思路，以专业实力较强的国家示范重点专业作为龙头专业来带动其他专业发展，起到核心示范作用，整合相关的专业构建专业群组。以专业群与产业链相对接的形式，实现职业院校人才培养与区域经济发展有效联动，借助区域产业发展的力量将高职院校专业群的建设推向更高的水平。

（2）依据产业链结构实现群内专业的多元组合。以龙头、特色专业为核心专业，进行群内外的资源整合，实现相近专业的融合搭配与资源共享。通过专业与产业的对比，分析并总结出各专业的人才培养模式、规格，并在此基础上形成“核心专业牵头，相关骨干专业协同”的专业组合逻辑关系，发挥优势专业在群内的核心引领作用，带动其他专业协同发展，培养高素质的复合型人才。

（3）将集团化办学作为专业群发展的重要基石。集团化办学能够有效汇集来自政企、社会等校外各方面的信息资源，有效提高专业群对市场需求变化、产业发展方向的敏感度。同时，能够打破传统校企合作所形成的一对一专业建设格局，与集团中各成员间形成多种多样的校企合作模式，打造技术技能创新服务平台，使专业群成为技术技能的聚集中心，提高专业群面向产业链的整体服务能力。

二、依据岗位群发展的组群逻辑

这类专业群的组建主要以职业岗位为考量依据，以职业分工关系为基础，以满足相关岗位群对人才的不同需求为目的。这类专业群相对应的岗位群有产业链条短、工艺流程对接紧密以及行业边界清晰等特点，如依据制茶产业链将种茶、制茶、茶艺相关专业联系起来。这类专业群的建设需要职业院校拥有与岗位群匹配的重点优势专业，以重点优势专业作为专业群核心向外辐射。该类专业群的建设关键体现在专业要准确对接区域岗位需求，提升人才培养水平。结合区域企业的人才需求，提炼出专业群复合型人才的具体指标，从而指导人才培养工作，其中涉及"单一岗位能力""通用职业能力"及"专业能力"三方面内容。

这类专业群建设将面临的困难在于对校企合作内涵的提升，也就是要加强产教融合，与区域龙头企业形成发展命运共同体。一个区域龙头企业基本涵盖了专业群所需要的岗位群，与该类企业进行合作有利于系统全面地推动专业群与相关岗位群的有效对接。这类专业群在建设过程中，容易陷入服务就业、针对具体岗位的传统人才培养模式中。因此，专业群需要明白企业对校企合作的期望已不单单是满足人才供给，而是要让企业在管理、运行、生产等各方面得到相应的发展。在进行校企合作的同时，除育人方面要与企业形成对接外，在企业的管理、服务、技术开发、培训和生产等各个方面都要形成紧密互助的校企合作关系，不断推动企业管理方式、技术革新、人员培训、产品创新等各个方面的发展，并以此辐射带动区域相关中小企业的发展。

三、依据知识结构的组群逻辑

专业是知识传递和生产的载体，因此专业关系的核心在于知识关系。以专业知识的内在逻辑和相关性作为构建专业群的重要依据，这一组群逻辑包括以下三点策略：一是专业群组群策略；二是集群平台内共享课程和模块课程开发与优化策略；三是专业群持续发展诊断机制构建策略。

专业群组建的内部逻辑本质上可以理解为知识逻辑。专业群是由有相关性的若干个专业组成，而专业又是知识传播的载体，因此知识逻辑决定着专业逻辑，决定着专业群建设的内部逻辑。同时，立德树人作为教育活动的根本目标，人得到全面发展是教育活动的出发点和落脚点。因此，高职院校的专业群建设不仅要突出职业教育的特色，还应把以人为本的教育理念作为重要发展逻辑和抓手。

综上所述，知识逻辑是专业群组建的内部逻辑，专业群的基础也就是专业知识的相关性，而平台共享课程则是专业群各专业内在知识联系的具体表现形式。产业逻辑和岗位逻辑是专业群建设的外部逻辑，其来源于经济学领域产业链的理论，与高职院校“以就业能力为导向、以服务社会为宗旨”的办学方针相匹配。

第三节　专业群建设的内容

一、加强党的领导是专业群建设的政治保障

党的十九大报告指出，中国特色社会主义最本质的特征是中国共产党领导。《中国共产党章程》指出：“党政军民学，东西南北中，党是领导一切的。”上述论述既明确了在中国特色社会主义建设进程中坚持和加强党的领导的必要性和重要性，也明确了党的领导是全方位的，是全面的领导，覆盖经济、政治、文化、社会、教育、生态等各个领域。党的领导是全过程的和全方位的，既包括党政机关、企事业单位以及各种社会团体，又包括制定法律法规和规章制度及治国理政的各方面和全过程，主要体现在总揽全局、协调各方，以此来落实增强“四个意识”、坚定“四个自信”、做到“两个维护”，始终与以习近平同志为核心的党中央保持高度一致。坚持在中国共产党领导下，扎根中国大地办学，建立教师党支部书记成为党建带头人和学术带头人制度，全面执行新时代党的教育方针，培养中国特色社会主义的建设者和接班人，确保社会主义办学方向不动摇不偏航。

（一）培养造就“双带头人”是高水平专业群建设中党建工作重点

“双高计划”就是将高水平学校和高水平专业群相结合的模式。“双高计划”的重要内容是建设高水平专业群，并以此为基础建设出高水平职业院校。因此，培养出更多高素质、高水平的“双带头人”是党建工作的重中之重。

一是要充分认识“双带头人”建设的重要性。专业带头人不仅影响着专业建设的方向，更决定着整个专业建设的内涵。他们既是专业核心课程的承担者，又是专业人才培养方案的制定者。因此，专业带头人的专业水准就显得尤为重要。

二是要切实贯彻“双带头人”队伍建设工作总要求。人是社会活动的主体，因此要想组建高水准的专业带头人团队，对“双带头人”的培养就十分必要。

（二）中国特色：坚定政治方向

习近平在全国教育大会上强调，坚持中国特色社会主义教育发展道路，培养德智体美劳全面发展的社会主义建设者和接班人。高水平专业群建设要扎根中国大地、服务国家战略、彰显中国特色。

落实立德树人的根本任务，推进课程思政，健全德技并修、工学结合的育人机制，推进职业技能和职业精神培养高度融合，把为党育人和为国育才相统一。首先，将人才培养作为主要目标，提升“接班人”的整体素质，明确社会主义核心价值观、严谨专注、敬业专业、精益求精和追求卓越的品质要求。其次，将“德技并修”作为人才培养的重要方案，加大思政课程、劳动实践课程的学分比例，以工匠精神为培养内核，以劳树德。再次，在专业课的课程教学过程中，实现课程思政与思政课程同向同行，形成育人合力。最后，打造“双语”教学环境，教师是思政、业务两手抓的“双语”教师，教室是将家国情怀教育和专业教育相结合的“双语”教室。

二、产教融合、校企合作人才培养模式创新

教育部等六部门关于印发《职业学校校企合作促进办法》的通知中明确，产教融合、校企合作是职业教育的基本办学模式，是办好职业教育的关键所在。

（一）人才培养模式

所谓人才培养模式，是指以一定的教育思想和理论为指引，确立明确的培养目标，设置特定的人才规格，以相对稳定的课程设置、教学内容、评估方式以及管理制度来进行人才教育的总过程。人才培养模式由培养目标、管理制度、评价体系、培养过程等几个部分组成，具体可以理解为以下几点内容：一是人才培养所要达到的目标和规格；二是为达到培养目标所经历的整个教育过程；三是保证这一过程顺利实施所需要的管理、评价制度；四是教育过程中用到的教学方式和方法。总的来说，人才培养模式决定着人才特征以及教育理念。

（二）产教融合、校企合作概念

所谓产教融合，就是为了更好地满足产业发展需求，高职院校要与行业企业进行更深度的合作以及资源共享，校企双方互通互享、协作育人，共同承担起培养技术技能型人才的责任。

校企合作，顾名思义，就是高职院校与行业企业一起，建立稳固的合作模式，共同抵御激烈的社会竞争，有针对性地培养出符合需求的技术技能型人才。这种合作模式要求高职院校在教育内容设置上将理论学习与实践进行平衡，完

成对技术技能型人才的有效培养，最终达到校企双方的互惠互赢。

从教学标准来看，“产教融合”并不等同于“校企合作”。产教融合要解决的问题是教学资源和模式要满足产业发展所提出的要求，并将这些要求融入专业标准的制定以及教学大纲的设计中。产教融合的目的不是使职业教育适应某个特定企业的标准，而是对接整个社会对技术技能型人才的需求。

从教学环境的角度来衡量，“产教融合”并不像以往的实训、实习一样以仿真、模拟练习为主，而是让学生处于真实的工作环境中，真干实干，以产品完成度和最终的成本效益来衡量学生的学业水平。也可以理解为学习与工作相结合，做人与做事相统一。将培养专业能力和职业素养相结合，实现素质教育和职业能力教育的有机统一。这就涉及课程体系优化、教学计划修订、训练场所建设、装备设施完善、评价标准制定等方面的改革。

从教学活动来看，“产教融合”与普遍理解的顶岗实习也大不相同。产教融合要求学生能够发挥主观能动性，主动融入企业的相关活动中，同时将企业理念、技术、文化等引入教学内容中，让整个教育过程的发展有一个质的提高，这涉及合作育人体制机制的创新。

从评价标准来说，“补充了多少教学资源，优化了多少教学过程，学生提高了多少职业竞争力，学校增加了多少对区域产业链的服务贡献力”是产教融合的评价标准体系。

（三）“产教融合、校企合作”人才培养模式的内涵

“产教融合、校企合作”的人才培养模式是集教育教学、职业技能、素质培养、生产劳动、科技研发以及社会服务于一体的培养模式。这一培养模式不仅提高了研发成果向现实生产力转化的转化率，提高了学生的就业率，对行业企业的发展也起到了促进作用，使学校能够更好地为地方的经济发展服务。

党的十九大报告指出，要完善职业教育和培训体系，深化产教融合、校企合作。2017 年 12 月，《国务院办公厅关于深化产教融合的若干意见》明确提出将产教融合作为促进经济社会协调发展的重要举措，融入经济转型升级各环节，贯穿人才开发全过程，形成政府企业、学校、行业、社会协同推进的工作格局。产教融合是职业教育改革的发展趋势，对接产业需求，将企业的主体作用融入高职院校的人才培养中，行、企、校三方共同完成高水平技术技能型人才的培养。总体来看，校企合作的培养模式大致有以下几种类型。

1. 顶岗实习实践教学的 1.0 模式

《国务院关于大力发展职业教育的决定》中明确指出，高等职业院校学生实习实训时间不少于半年。据此，本科职业院校推行了“3.5+0.5”的顶岗实习

模式，高等职业院校实施了“2.5+0.5”模式，还有部分院校实施了“2（3）+1”模式。这些模式在当前院校的校企合作模式运用中相对普遍，不过其弊端在于一些院校为了尽快完成顶岗实习的任务，将学生简单地推给企业，既不能保证实习实践质量，也不能保障学生安全。同时，一些企业将学生看作低成本劳动力，还有一些企业为了降低劳动力成本，招用专业不对口的实习生进行生产实践劳动，这完全违背了校企合作的初衷，顶岗实习演变成了低级务工。从普及程度考虑，此种模式在实践中最为常见，因此称为 1.0 模式。

2. 订单班实践教学的 2.0 模式

在校企合作得到不断深化和完善的过程中，衍生出了新的教学模式——订单班模式。也就是说，企业在教学过程伊始就挑选出相对更适合本企业要求的学生，将其组成新的教学班级，课程内容也按照企业需求来设置，这样班级的学生毕业后将直接被企业聘用。与顶岗实习相比，订单班模式更具指向性，也加强了校企之间的深度合作，是校企合作模式的升级版，故称之为 2.0 模式。但这种模式也存在一定弊端，学生在选择企业时相对被动，容易在之后的学习中产生厌学情绪，乃至中途退出，影响最后的订单班教学效果。

3. 工学互换、多阶段实践教学的 3.0 模式

在以上模式的基础之上，校企合作又衍生出第三种模式，也是目前更受校企双方欢迎的合作模式，称之为 3.0 模式。企业根据自身需要，安排一个阶段的教学实践，一般一周到几周的时间，学校可以安排学生在正常学习时间内参加企业开展的实践活动，由企业对学生的实践成果进行考核、打分，校企双方实施学分互认制度。这种模式也被称为工学互换、多阶段的校企合作模式，其优点是形式灵活，方便了校企之间的互通，为企业选拔人才提供了渠道，真正做到了校企双赢。

4. 现代学徒制人才培养模式

现代学徒制是通过学校、企业的深度合作，学校教师、企业师傅联合传授，对学生进行以技能培养为主的现代人才培养模式。校企双方在招生前签订联合办学协议，企业和学生以及学生家长在录取时签订委培用工三方协议，学生毕业时的录用与否和学生在校时的综合测评成绩挂钩，真正做到学校招生与企业招工的一体化，做到学生实习与就业的一体化。教学计划、课程设置以及实训标准由校企双方共同协商制定，基础理论由学校负责教学，实训实践由企业负责完成。这一模式实现了学生毕业即就业的培养目标，将人才培养完美对接企业需求，极大地满足了企业对人才的需求。

三、专业群的课程体系构建

课程体系的构建是专业群建设的重要部分，集群内的专业面向的是技术领域相近的就业岗位群，因此通过构建“平台＋模块”的课程体系，可以有效实现“底层课程共享、中层课程分立、高层课程互选”的专业群模块化课程体系。

（一）课程体系构建的基本原则

（1）强调系统性，课程体系要对接产业集群的岗位群。课程体系构建要以产业领域岗位所要求的核心技术和通用能力为基准，突破基础课、实训基地、教师队伍等资源的专业限制，实现知识体系和技术技能标准的平台共享。对课程体系进行重新架构，培养出既拥有通用能力、能满足共用岗位，又具有相关产业特征的技术人才。

（2）强调前瞻性，课程体系要赋能产业集群价值链提升。伴随新的技术、业态的不断产生，将不断更新的技术要素实时融入课程的编排中是课程体系优化的方向和趋势。

（3）强调共享性，课程体系要实现内部互通互补，形成课程体系内部之间的互通互补，同时实现教学资源的共享共用。

（二）构建“平台＋模块”课程体系

在构建课程体系时，以专业群对接的特定服务领域为依据来确定集群内专业与专业之间的内在联系，深度解析集群内龙头专业与其他专业在课程内容上存在的差异性与共性，再依据核心岗位的需求和工作内容构建课程体系。构建以保障专业群的基本规格和全面发展共性要求的“平台”课程和实现不同专业人才分流培养的“模块”课程。

1.底层共享，构建基本素质和专业素质课程平台

实现专业群课程的平台共享，既能更好地提高学生基本素质、培养学生的行业通用能力，也突出了培养可持续发展人才的理念。一是基本素质平台的构建，包括传统的高职院校学生所必须具备的通识教育课程，如思想道德修养与法律基础、毛泽东思想和中国特色社会主义理论体系概论、高等数学、大学英语、信息技术基础等课程；二是专业素质平台的构建，包括专业群内各专业必需的知识、技能和素质等，为之后专业核心课程的学习打好基础。

2.中层分立，构建核心课程平台

打破理论教学和实践教学的界限，以专业群内各专业的培养目标和就业岗位需求为依据，打造出专业理论与职业技能相统一的专业课程，推进“教、学、做”合一。

3. 高层互选，构建素质拓展和专业拓展课程平台

开设专业群内各专业之间可以交叉互选的素质拓展和专业拓展课程。目的是培养学生适应跨界就业以及知识迁移的能力，在巩固专业基础知识与技能、提升职业素养的基础上，将学生打造成为社会需要的技术技能型人才。

通过对课程的不断改进升级，构建出“底层共享、中层分立、高层互选”的课程体系，以便于专业群内各专业之间优势互补、资源互通互享，将整个专业群的人才培养水平提升到新高度。

四、专业群的课程与教材建设

（一）课程建设

课程是人才培养的载体，是职业院校实际意义上的产品。课程的质量和数量反映出一个学校的竞争力，学生是学校的客户，是“上帝”，是需求提出方，而且往往成为一个学校专业建设的重要助推力量。

如何解决教学过程中课程内容、形式陈旧老化，知识内容与工作实践相脱节的矛盾是当前课程改革的重点问题。课程建设包含以下五个方面的工作。

1. 内容整合

根据专业特定的培养目标，重新规划和升级现有的课程内容，按模块重新整合成新的课程体系。不断的课程内容改革是难点也是趋势，只有突破难点，在荆棘中开辟出道路，才能使自身在竞争中保持优势。

2. 工学结合

工学结合是指将学习过程与工作过程进行有机结合。通常的做法是，把专业所应对的职业或职业群分解为若干个职业活动单元，把每一个职业活动单元的核心部分设计成适合学生学习的作业项目。围绕作业项目将相关的理论知识和技术能力从原来的各有关学科中提取出来，与这个作业项目共同组成一个学习模块，使学生在完成作业任务的过程中能够掌握从事该职业活动所需要的全部知识和能力。类似的做法，在德国叫“职业活动项目”，澳大利亚的 TAFE 叫“学习包”，英国的 BTEC 叫“课业”，而我们称之为“学习模块”。这样的学习模块在每个教学计划中包括 15 ～ 20 个。“学习模块”的设计更注重的是“教学活动主体”的设计，这一设计相较于专业的顶层设计更难，也更偏重教学计划的制订。

3. 学生主体

教师的教学任务不再是简单地将知识和技能传授给学生，引导学生产生浓

厚的职业兴趣和提高学习自主性是高职院校教师应该思考的难题。根据不同的工作任务，教师要传授学生完成这项任务所需要的知识、能力，以及掌握这些知识、能力所需要的方法和途径，让他们在学习环境与工作环境的交互作用中建构起属于自己的知识框架。“学会学习”对学生来说是终身受用的能力，是一种做事能力，也是一种生存能力。

（二）教材建设

教材是课程改革的载体。教材内容陈旧老化是课程改革亟待解决的问题，这就需要借助校企合作的资源互通互享来实现教材的双元开发。一是将思政内容纳入教材，不断引入新技术、新工艺、新规范；二是探索使用新型活页式、工作手册式教材；三是引入典型生产案例；四是配套信息化资源；五是每年对教材进行一次小修改，每三年对教材进行一次大调整。

以上要点的核心就是要集中解决专业教材学科知识与工作生产实践相脱节、课程内容形式陈旧老化等问题。将课程内容与职业标准直接进行对接，使教材能够顺应产业发展和技术革新的潮流，丰富教材形式，着力开发活页式、工作手册式、信息化教材，拓展教学空间，丰富教学内容、形式。通过课程内容、形式的改革和创新，使教材对学生更有吸引力，更贴近社会，贴近生产，从而更好地调动学生学习的积极性，大幅度提升人才培养的有效性。课程改革和教材改革是相辅相成的两个方面，没有课改的决心、想法和途径，就无法开发出适应产业发展和技术进步的“能力本位”的教材，也就无法对人才培养的质量做出保障；如果长期缺乏高质量、适应产业需求的教材，课改就成为一场“秀”，成为“系统内部的自娱自乐”，毫无实际价值。

五、打造专兼职结合的双师队伍

教师是高职院校“三教改革”（教师、教材、教法）中至关重要的一部分，教材、教法的改革都需要以师资力量为前提。一所学校的教育水平好坏很大程度上取决于其师资队伍的强大与否。在当前的职业院校教育教学中，整体的教师素养还亟待提高。

在项目教学阶段，教师的职责是将典型的企业项目、任务转化为教学案例，提高学生的实操能力。同时，面对校企合作、产教融合的教学背景，教师既要熟知相关产业的发展趋势，又要在职业选择方面为学生提出合理规划和建议。每一阶段对教师的要求都有所不同，且这些要求属于层层递进的关系。

打造优秀的教师团队，专业群的带头人的理念、担当和能力是关键。学校应该在政府指导下，将教师的教学能力和技能水平都纳入教学水平考核，建立“双师型”教师考核机制。

专业群的带头人在人才培养中具有极其重要的作用。考察一所职业院校的一个专业，当你能够真正感受到其有很深的行业企业融入度时，往往会发现其带头人身上散发着典型的行业气质，举手投足间充溢着对行业的责任和热忱。学生进入这样的专业（群），一年级时挖掘出职业乐趣，期待成为毕业生；二年级时建立职业认同感，渴望成为从业者；三年级时形成职业归属感，立志成为行业企业接班人。

教师队伍建设的关键是树立教师的高职教育理念，其中创新思维和能力的培养是必不可少的一环。校企合作模式的不断更新对教师队伍在师资力量和组织结构上提出了更高的要求。学校要有针对性地在课题的教改研发、课程与教材建设、对接相关企业项目等方面进行教学实践，拓展更多的可利用产业资源。

六、建设生产性实训基地

“生产性”和“职业性”是职业教育实训基地建设的着力点和落脚点。校企联合建立实训基地，实训和生产过程实现同步进行，将实训任务融入企业生产环境，保证其先进性、真实性以及共享性。

生产性实训基地建设对增强高职院校的服务能力起着至关重要的作用。“生产性”可以理解为实干真做，将实训任务融入真实的工作环境中，并将实训完成的产品质量、成本效益等作为学业水平的评价标准。这种模式既解决了教学标准的问题，又将教学与生产直接对接，实现了理论和实践的融合。

生产性实训基地也是专业群建设的有力保障之一。生产性实训基地的建设优化了教学过程，丰富了教学资源，提升了学校的服务力，提高了学生职业胜任力，为“双师型”教师的培养提供了有力保障。通过专业教师与企业技术人员的轮岗交流，教学和生产性成果资料双向反馈转化，提高教师教学和服务能力。

七、专业群服务能力提升

专业群作为高职院校实现社会服务功能的基本载体，其重要性不言而喻，要想提升高职院校的社会服务能力，就要从提高专业群的社会服务能力入手。因此，如何提升专业群的社会服务能力是专业群建设的关键点之一。

（一）制约专业群产业服务能力提升的主要原因

目前来看，专业群产业服务能力难以提升的原因大致有以下三点。

（1）专业群内的各专业设置缺乏科学性、合理性。没有开设足够的相关产业所急需的专业；教学内容陈旧、刻板，与企业需求相脱节。这就导致技术技能型人才的短缺，无法满足企业用人需求。

（2）专业群内的教师队伍缺乏服务意识和能力。这大幅度降低了专业群内学生与相关企业的对接紧密度，影响了校企合作的满意度，使企业很难对高职院校的教师队伍和教学成果有所期望。

（3）缺少校企合作、产教融合的成熟平台，人才培养模式缺乏创新。传统的专业人才培养模式决定了校企合作难以深入，学校和企业之间的合作仅限于薄弱的一对一合作，降低了校企合作能够达到的深度和广度。

（二）提升专业群服务能力的策略

1.优化专业结构，提升专业群适应产业发展的能力

一是加快开发新的专业。通过市场调研的方式下沉到行业企业中，对企业、相关技术人员、院校和毕业生进行走访和数据分析，从数据中探寻出区域经济发展和产业结构调整升级的基本方向、人才分布状态以及紧缺程度。以区域内相关企业的需求为出发点，加大校企合作力度，通过双方的共同研判来确定出当前区域产业发展对人才数量、规格以及对技术改革方面的具体需求。最终以此为依据来设置新的专业，同时规划新专业的发展方向。二是适时去除被产业发展所淘汰的陈旧专业。随着产业技术的不断转型升级，部分传统技术不再适应新技术的发展潮流，势必要被淘汰或边缘化。三是以重点专业为核心，对专业群进行专业间的布局。专业群的专业布局有两种：第一种是核心式，以核心专业为圆心，其他专业为外圆逐渐向外扩展；第二种是链条式，以核心专业为中心链节，其他专业向上下纵向延伸。

2.校企紧密合作，提升专业群教师专业素质

（1）推行“四个一”，增强“双师”素质，提高教师实践能力。每位专任教师都要与企业进行合作，双方合力承担“一”门核心课程的编排，合力完成“一”个订单班（学徒班）学生的教学和培养，合力解决“一”项生产技术难题，合力完成“一”项生产任务。高职院校的教师需要到企业进行为期半年的脱产实践，或者申请加入企业完成为期一年的访问工程师培养计划，来提高教学实践能力，最终实现“双师”素质能力的提升。

（2）打造校企紧密合作型混编双师教学团队。将来自企业的专家、技术

骨干等人才聘请到学校，与校内的专任教师共同组建成紧密合作型“混编双师教学团队”。来自企业的兼职教师负责对工程经验以及实践技能要求相对较高的课程实施教学任务；高职院校的专任教师则到企业挂职工程师，承担具体的工程项目。混编双师教学团队共同构建专业群“平台 + 模块 + 方向”的课程体系，开发基于工作任务的项目化课程，并作为“双导师”共同培养学生。

（3）搭建技术公共服务平台，提升专业群教师服务产业的能力。教师可以借助公共平台承接相关的任务，如一些小型项目的规划设计、调试升级等，同时可以实时与其他教师或者技术人员沟通交流技术难题。此外，校企双方还可借助公共平台开展相关的技能培训，为企业提供更好的分层、分类培训服务。因此，公共服务平台既为教师队伍提供了技术交流和业务提升的途径，也为企业提供了科研资源以及培训服务的载体。

3. 转变专业群合作机制，提高专业群服务产业能力

（1）校企合作不再是传统的“点对点”，而是扩展为“专业群对产业链”。以往的校企合作方式下，不管是企业专家进入学校还是教师进入企业，途径和方法都十分单一，这就降低了校企合作的深度，削弱了专业群对产业的服务效应。面向整个行业，整合专业群内的有效资源能极大提升校企合作的广度和深度。在专业群建设中设立指导委员会，行业、企业以及学校三方共同进行专业群的规划和建设。各专业指导委员会主要承担校企共同实施全过程人才培养的职责。

（2）校企共同制订专业群人才培养方案，创新人才培养模式。以区域产业转型升级和经济结构调整对制造类技术技能型人才规格和岗位的新需求为依据，对人才培养模式进行改革，推广现代学徒制，与行业、企业共同制订专业群人才培养方案，实现高职院校教育教学与区域产业发展需求的有效对接。

八、专业群建设的国际化

我国高职院校教育与世界水平接轨的第一步就是将专业群建设成为高水平的国际品牌，使其不仅能够作为国际事务的参与者，更能成长为国际标准的制定者以及国际资源的提供者。师生通过参加世界级的技能大赛，在国际舞台上彰显自身的国际影响力。

（1）积极参与国际事务。通过与一些有“走出去”经验的企业的深度合作，着力打造国际化技术技能型人才，同时以承接企业海外员工教育培训的途径加强与国际企业的合作交流。

（2）牵头参加或组织国际专业技能竞赛，将学生推向国际舞台的中央。

（3）组织高职院校教育教学国际研讨会，开展与其他国家间的职业教育互通交流，取长补短，促进中外人才培养和专业文化间的交流。

专业群教学资源实现国际共享，提高国际对话能力。

（1）课程资源的国际共享。对外发行、推广双语教材，共享精品课程、教学库等教育教学资源。

（2）产教融合资源的国际共享。通过开放“走出去”企业的技术、成果等资源，实现专业群技术资源的对外共享。

（3）技术人才的国际共享。专业技术人员“走出去”，国际职教工匠“请进来”，实现国内外技术人才的互换共享。

主动参与国际职业专业技能标准以及课程体系的开发，提升国际话语权，力争产出有国际影响力的高水平专业标准和课程体系，将我国职业教育品牌国际化。

第二章　智能制造专业群建设发展研究

第一节　智能制造专业群建设背景

一、“中国制造 2025”战略目标

国民经济的主体行业是制造业，它既是立国之本，也是兴国之器，更是强国之基。2015 年 5 月 8 日，国务院印发《中国制造 2025》行动纲领，纲领中指出以推进智能制造为主攻方向。智能制造是落实我国制造强国战略的重要举措，促进信息化和工业化深度融合，推动传统制造业向智能制造转型对重塑我国制造业竞争新优势具有重要意义。

工业 4.0 时代，无论是德国工业 4.0、美国工业互联网还是“中国制造 2025”，其核心，不言而喻，是智能制造。智能制造的推进对全球的工业发展来说都是一条必经之路。国家根据制造业发展趋势，制定了一系列智能制造发展规划。

“中国制造 2025”的战略目标如下。

第一步：力争用十年时间，迈入制造强国行列。

到 2020 年，基本实现工业化，制造业大国地位进一步巩固，制造业信息化水平大幅提升。掌握一批重点领域关键核心技术，优势领域竞争力进一步增强，产品质量有较大提高。制造业数字化、网络化、智能化取得明显进展。重点行业单位工业增加值能耗、物耗及污染物排放明显下降。

到 2025 年，制造业整体素质大幅提升，创新能力显著增强，全员劳动生产率明显提高，两化（工业化和信息化）融合迈上新台阶。重点行业单位工业增加值能耗、物耗及污染物排放达到世界先进水平。形成一批具有较强国际竞争力的跨国公司和产业集群，在全球产业分工和价值链中的地位明显提升。

第二步：到 2035 年，我国制造业整体达到世界制造强国阵营中等水平。

创新能力大幅提升，重点领域发展取得重大突破，整体竞争力明显增强，优势行业形成全球创新引领能力，全面实现工业化。

第三步：新中国成立一百年时，制造业大国地位更加巩固，综合实力进入世界制造强国前列。制造业主要领域具有创新引领能力和明显竞争优势，建成全球领先的技术体系和产业体系。

推进信息化与工业化的深度融合是“中国制造 2025”的重点之一，它包括以下几个方面：其一，加快推动新一代制造技术与信息技术的发展融合，明确智能制造为信息化与工业化深度融合的主攻方向；其二，大力推动智能装备和智能产品的生产，改革新型生产方式，使生产过程更加智能化，同时全面提升企业在研发、生产、管理等方面的智能化水平；其三，加快发展智能制造装备和产品，组织研发具有深度感知、智慧决策、自动执行功能的高档数控机床、工业机器人、增材制造装备等智能制造装备以及智能化生产线，突破新型传感器、智能测量仪表、工业控制系统、伺服电机及驱动器和减速器等智能核心装置，推进工程化和产业化。

二、“中国制造 2025”背景下国内制造业产业发展现状

我国制造业已经是全球第一大规模经济实体，但行业整体大而不强，制造业尤其是装备制造业，存在生产附加值低的问题，劳动力成本上升快，我国劳动力成本在 10 年间达到了 5 倍的上升。我国制造业发展遇到瓶颈的原因包括耗能高、产能过剩以及生产技术落后等。因此，发展智能制造，促进产业转型升级，推动以智能制造为主要内容的新工业技术革命势在必行。

2020 年智能制造产业规模已经超过 3 万亿，智能制造装备产业体系趋于完善，能源资源消耗和污染物排放量明显降低，装备智能化水平、制造过程自动化水平以及产业生产率、产品技术水平明显提高。

智能制造是围绕“人、机、物、法、环”通过“新一代信息通信技术 + 先进制造技术”深度融合，贯穿市场需求、计划、数字化设计、生产、管理、服务等制造活动的各个环节，具有自动感知、自学习、自决策、自执行、自适应等功能的新型生产方式，如图 2–1 所示。智能制造的核心是先进制造技术和信息化的融合，最终实现提升工业生产附加值，从工业大国走向工业强国。

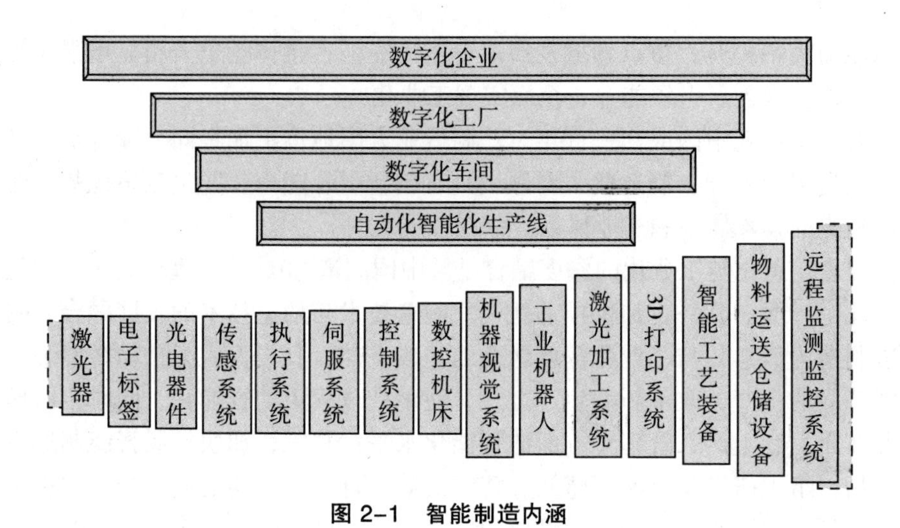

图 2-1　智能制造内涵

（一）人才需求数量分析

智能制造产业的高速发展以及转型升级使其对技术技能型人才规格、岗位的需求也不同以往。调查显示，装备制造企业正竭力从价值微小曲线的底部向技术创新突破，以达到产品附加值的提升，最终实现智能制造的绿色化、清洁化。未来 10 年，全国智能制造产业需要越来越多能够操作机电一体化设备以及完成系统安装与调试、工业机器人编程操作及系统集成、高端数控操作与维护、模具设计与制造、智能制造系统仿真与设计、工业软件使用及部署等领域的复合型高技能人才。未来，机电一体化专业人才需求在企业中也将更高，相关岗位的能力需求进一步升级，越来越多的企业会向多元、复合型人才抛去橄榄枝。智能制造对各类人才具体需求比例如图 2-2 所示。

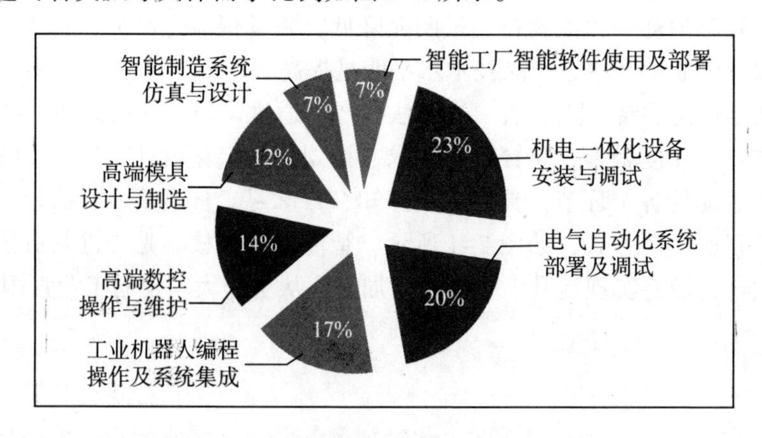

图 2- 2　智能制造对各类人才的需求比例

结合“中国制造 2025”所规划的发展阶段以及装备制造产业现状，可以得出我国智能制造产业的未来发展将有以下趋势。

（1）即将迎来装备智能化、集成化的改造升级。在国家政策驱动下，各地也将根据“中国制造 2025”规划出台相应政策，将智能化改造、技术改造的时间表予以明确，同时由于人工劳动力的成本不断攀升，企业也将加速实施工业机器人劳动力替换人工劳动力的措施。

（2）工业机器人产业快速发展。我国工信部制定了中国机器人技术路线图及机器人产业“十三五”规划的目标，这对工业机器人的生产制造行业提出了明确要求。

（3）“工业互联网＋装备制造业”催生新的生产模式，成为创新热点。装备制造业在“工业互联网＋”理念的影响下，呈现出行业的五大新趋势，即绿色化、服务化、组织分散化、定制个性化以及制造资源云端化。这些新趋势给以往的制造业企业在决策方式、业务模式以及经营思路等方面将带来显著转变。

（4）智能装备和产品快速发展，产品设计数字化、制造生产过程智能化。在智能制造装备领域，实现高档数控机床、3D 打印制造装备、工业机器人、新型传感器、智能仪表等技术的重点突破；在制造过程智能化领域，围绕数据互联，借助新一代信息技术的优势，缩短产品研制周期，降低企业运营成本，切实提高产品的生产效率以及产品质量，为市场提供更加个性化的产品。

（二）人才需求质量分析

智能制造所用到的专业知识、技能来自不同类型的专业，因此复合型人才的培养是职业教育目前所面临的新挑战。同时，装备产业的转型升级对不同岗位人才的岗位能力也提出了新要求。技术工人除了要求熟练掌握基本操作技能，还要储备更多的跨界专业知识。随着我国对传统制造业数字化、信息化、网络化、智能化以及 3D 打印、工业机器人等智能装备的普及，技术工人对企业生产过程中生产线的分析能力也要有所提升。

（三）人才培养对策

（1）以突出专业特色为基础，积极应对新产业形态对我国制造业不断提出的新挑战。以区域产业集群发展规划为指导，建设智能制造专业群。对集群内结构以及课程体系进行优化调整，建立高水平双师队伍，形成特色鲜明的智能制造专业群，服务区域经济。

（2）对标行业新技术，及时对课程进行开发、升级。以主干知识为核心，兼顾交叉学科，增添诸如制造数字化、智能化以及网络化课程；核心技能与时俱进，课程中新增自动化、信息化、智能化内容。融入或设立与智能制造相关的职业教育集团或组织，掌握行业最新的技术、信息以及发展趋势。

（3）将国际化视野引入双师教学队伍的建设中。以国际行业标准为依托，打造出有一定行业影响力的教师队伍，为培养出一批拥有服务国家战略的高素质技术技能型人才提供保障。

（4）建立学分银行和校企两端学分互认机制。加大多专业选修课比例，着力打造出拥有复合型知识的技术技能型人才，以适应智能制造产业结构的不断升级。

三、“中国制造 2025”背景下培养复合型创新人才新要求

“中国制造 2025”时代的人才特征是拥有跨专业能力，专业知识单一型人才将被智能制造行业淘汰，而拥有创新思维的复合型人才将成为行业的中流砥柱。处于行业一线的技术工作者不仅要掌握生产过程中相关的各专业知识、技能，还应对生产管理方面的知识有所储备，智能化、数字化、网络化的认识与理解能力也尤为重要，这就要求高职教育要培养复合型创新人才。

（一）智能制造类人才新要求

1. 智能制造改变了技术技能型人才岗位结构

以往制造业的主要生产模式是流水线作业，对处于生产一线的操作工人需求量很大。随着自动化、网络化、数字化、智能化水平的不断提高，机器人劳动力替换人工劳动力的现象趋于常态化，越来越多的工业机器人出现在简单重复的操作岗位上，这也催生了一批新的行业岗位，包括智能装备和系统编程、操作、维护等。

一些高精传感器以及工业机器视觉的运用也将替代人类感官和相关测量设备，生产过程管理以及产品检测等流程将不再需要设置专门的技术人员进行操作，这也衍生出工业互联网数据采集、智能系统开发与维护以及人工智能设备维护等新型岗位。到 2022 年，这些岗位的人才需求量或将达到 30 万人，其中对高职学历人才的需求量将达到 11 万人。

智慧仓库、智慧物流等岗位将取代传统行业所必需的产量统计、仓库管理岗位，这也使数字化设计师、智慧仓储管理员以及生产数据分析员等智能岗位应运而生。到 2022 年，这些岗位的需求量将达到 75 万人，其中所需要的高职学历人数或为 25 万人。

拥有新型产业模式的时代已经到来，数字化、网络化、智能化、信息化将

成为产业生产的常态。高端装备制造业所需求的岗位技能也早已有所不同：智能设备和系统的安装调试、采用新一代信息化技术的生产管理以及智能制造设备的售前售后服务等岗位需求正处于快速增长期；智能制造生产现场的定制化产品开发、工艺规划、精密测量与检验以及生产设备维护等岗位需求也将不断加大。传统制造业相关的一些岗位需求则会大幅度减少。

因此，未来的智能制造领域必将被多元化、复合型、有创新思维的技术技能型人才所填补。

2. 智能制造改变了技术技能型人才岗位规格

新基建、新技术助推新经济、新产业、新业态，这对职业教育的人才培养规格也提出了不同于以往的要求。工业 1.0 时代，即蒸汽时代，企业需要的是操作技能熟练的操作型员工；工业 2.0 时代，即电气化制造时代，企业需要的是拥有高技能水平的技术型员工；工业 3.0 时代，即数字化制造时代，企业需要的是能够将数字化设计转化为物质形态，且拥有实际问题解决能力的技术技能型员工；工业 4.0 时代，即智能制造时代，企业则需要掌握跨专业知识、先进制造技术以及信息技术等复合能力，并且善于运用创新思维来运行、维护智能生产线并有效提高生产效率的复合创新型员工。只有把培养目标由单一的技术技能型人才，向适应信息技术进步且拥有创新思维、创新能力的新一代信息技术人才转变，才能跟上工业技术不断革新的脚步。

（1）智能制造类人才素质要求。新工艺、新知识、新技术、新规范的不断涌现对技术人才提出了更高的职业素养要求。首先，具备网络化素养，即借助网络载体合法使用和传播信息的能力；其次，具备信息化素养，即快速有效地搜索、鉴别、处理与分析信息的能力；再次，具备网络安全素养，即有效保护企业生产数据不泄露、不窃取其他企业数据的信息安全意识；最后，具备互联网思维素养，即良好的发现、分析以及解决问题的能力。

（2）智能制造类人才知识要求。作为复杂且完整的生产流程，智能制造的过程需要多个专业领域的交叉、介入，包括品牌创意、设计制造、市场需求、智联通信、控制维护、经营管理和物流等各个环节。随着制造业的智能化水平越来越高，工厂生产线中的装备、环节也更加数字化、网络化以及智能化，这就要求新一代的技术工人不仅要熟练掌握本专业的相关知识，还要对智能制造的整个过程有一个整体把握，即对数据的采集传输、分析处理、应用决策等方面都有所了解。因此，5G 技术、人工智能技术、工业互联网是智能制造专业人才所必须掌握的知识，将最新的信息技术与制造业相结合的知识体系是当今制造类专业改革的方向。

（3）智能制造类人才能力要求。随着传统制造业的不断转型升级，装备制造产业的新业态中必然有高端智能制造的一席之地。专业技术方面，由于传统制造类专业与专业间的界限相对明显，企业中的单一型人才已经不能满足智能制造业的发展需求。新兴的智能制造企业迫切需要技术精、会操作、善于沟通和管理的复合型人才。现有的技术技能型人才不仅要参与设备智能化改造，还要介入智能产品的设计和生产，同时能管理智能生产系统。专业结构方面，从业者既要具有与智能制造相关的理论知识、专业技能，又要具备智能化生产的相关知识，同时交流沟通能力、团队协作能力、信息收集能力、学习能力和创新能力等更加受到企业的关注。因此，智能制造时代，高职院校在人才培养的过程中，要注重将“显性”和“隐性”的技能教育融为一体。

职业教育培养目标除了包括夯实学生的实践操作能力外，还要增加知识迁移、技术攻关和技术创新等能力培养的比重。只有培养出复合型人才，才能顺利解决交叉岗位所提出的复杂技术难题。因此，新一代信息技术，包括制造数字化、工业互联网、人工智能、5G 技术等，为智能制造时代的制造类人才培养提供了重要载体。

3.“中国制造 2025”要求复合型人才具有创新能力

培养复合型人才的关键点在于创新能力，也就是从业者在生产实践中不断提出新理念、新方法以及新发明的能力。我国在“十三五”规划期间的五大发展理念之一就包括创新。以制造业创新发展为主题，“中国制造 2025”中五项重点工程、九大任务以及十大重点领域多次提及创新发展。

我国制造业当前仍面临许多现实困境，如基础技术落后、产品以中低端为主、核心技术依赖进口等。只有新一代的复合型人才具备了良好的创新能力，我国制造业的创新发展才能取得长足的进步。

“中国制造 2025”大力推进十大重点领域发展，增强新的经济增长点和突破点。在十大重点领域中，绝大部分是高精尖技术以及新一代信息技术，这就要求复合型人才具备良好的创新能力。就工业机器人来说，发达国家将其看作经济增长的重要推力，着力在国防、化工、医疗健康以及家庭服务等多领域对机器人项目进行研发。机器人作为高精尖技术的代表之一，要求复合型人才将创新意识和创新能力积极地运用到生产活动中，拓宽市场应用范围，突破相关技术瓶颈，逐步在机器人领域拥有话语权。

中国制造“2025”要求建设制造业技术创新中心，加快智能制造、新一代信息技术、新材料、生物医疗等领域发展，制造业技术创新中心运行新一代信息技术、新材料的实验研发都迫切需要大量复合型人才的支持。

4．“中国制造 2025”要求复合型人才具有绿色能力

复合型人才复合能力的重要表现之一是绿色能力，它强调构建环境整治以及生态屏障等多个方面的内容。第一，我国制造业存在生态破坏、资源利用率低、环境污染严重、能源消耗巨大等诸多问题，这也是我国提出“中国制造2025”的背景之一，为了有效解决上述问题，迫切需要拥有绿色能力的大量复合型人才，以期实现相关环节的节能减排、有效减轻环境污染，同时提高资源利用率，实现绿色发展、和谐发展。第二，大力发展节能减排环保技术，推动绿色制造的快速升级，推进生产资源高效循环利用，最终完成绿色制造生态链的构建。绿色制造要求产品在整个生产周期，降低对环境的负面影响，加大对资源的高效利用，同时实现经济效益和环境效益的协调发展。可见，绿色制造需要复合型人才的人力资本支撑，这也对复合型人才绿色能力的培养提出了要求和挑战。

5．“中国制造 2025”要求复合型人才具有应用转化能力

应用转化能力是复合型人才复合能力的重要体现。所谓应用转化能力，简单理解，就是将抽象的理论符号转换成具体操作思路，将知识运用到生产实践的能力。首先，加速科技成果的转化，将国防科技成果进行高速转化，并将其迅速产业化，实现军民技术的双向转化。这就需要复合型人才运用应用转化能力对科技产品进行成果转化，继而推动制造业完成转型升级。其次，加强制造业重点领域核心技术的知识产权储备，强化知识产权运用，加大对企业运用知识产权参与市场竞争的支持力度，推动市场主体开展知识产权协同运用。要实现知识产权转化，复合型人才同样不可或缺。复合型人才是将科技成果和客观规律、知识产权转化为具体产品的实施主体，其扎实的专业知识结构以及技术技能是提高关键环节和重点领域技术水平的关键，使制造业和新一代信息技术实现深度融合。最后，其他国家政策文件也明确提出，加大复合型人才应用转化能力的培养力度。《国家中长期教育改革和发展规划纲要（2010—2020年）》指出，不断优化高等教育结构。优化学科专业、类型、层次结构，促进多学科交叉和融合。

（二）智能制造专业群人才培养困境分析

由于智能制造专业群覆盖面广且专业与专业之间存在交叉，专业群的建设面临“难、贵、宽”的挑战。首先，“难”是由于当前高职院校的相关经验积累较少，导致难以培养出能充分满足企业需求的智能制造人才。其次，“贵”是指智能制造专业群建设所需要的智能制造设备、新基建平台以及工业软件的投入大。面向智能传感器、生产装备、控制系统的嵌入式系统和中间软件技术

实训平台投入大，数字经济形势下培养学生数据集成和计算分析能力成本高。面向智能制造岗位所培养的高素质技术技能型人才，需要政府、行业以及校企等相关方在人才培养的整个过程中加大合作力度，合力搭建实训基地、软件环境，以有效实现人才培养在供给和需求两端的全方位对接。但目前来看，这种多方共同培养人才的机制还不成熟，形式浮于表面，存在高职院校缺乏服务能力、企业方面缺少设施投入、成果缺少共享机制等问题，这也使政校企多方之间的合作难以深入。最后，智能制造存在技术新、所需知识杂、学科之间存在交叉、覆盖领域广等特点。当前的制造业转型升级过程中，越来越呈现出多学科、多专业交叉、融合的特点，这也对复合型人才的培养提出了更高的要求，但是专业群内对各专业学生的交叉培养机制还不完善，这也加大了智能制造业复合型人才的培养难度。

四、智能制造专业群人才培养新路径

对接“中国制造 2025”，深化产教融合，推动制造业技术技能型人才培养升级。针对《中国制造 2025》提出的有关重点领域，组织开展包括工业机器人、新能源汽车等领域行业人才需求分析、预测和发展对策研究，引导行业职业教育向产业升级重点领域、紧缺人才领域发展。

国务院印发的《国家职业教育改革实施方案》指出，到 2022 年，职业院校教学条件基本达标，一大批普通本科高等学校向应用型转变，建设 50 所高水平高等职业学校和 150 个骨干专业（群）。建成覆盖大部分行业领域、具有国际先进水平的中国职业教育标准体系。

《教育部 财政部关于实施中国特色高水平高职学校和专业建设计划的意见》指出，围绕办好新时代职业教育的新要求，集中力量建设 50 所左右高水平高职学校和 150 个左右高水平专业群，打造技术技能人才培养高地和技术技能创新服务平台，支撑国家重点产业、区域支柱产业发展，引领新时代职业教育实现高质量发展。

根据国家、教育部的发展规划，当前制造技术与新一代信息技术不断呈现融合趋势，国家按部就班地实现对传统企业的数字化、智能化和信息化升级，建设高水平高职院校和高水平专业群，不断探寻专业群人才培养的新途径，培养出适应智能制造发展的复合创新型技术人才是高职院校所面临的时代任务。

（一）对接区域智能制造产业链，提升专业群结构契合度

面对新基建背景下的区域资源要素和产业发展基础，高职院校要坚持以“装

备制造业类专业为主体、相关服务类专业为支撑”的原则进行专业布局，以地方服务产业集群为落脚点，依照工作范畴相同、专业基础相同、岗位群相关以及技术领域相近等原则进行专业群的组建。对接新基建产业调整、优化集群内的专业结构，实现与区域产业园区、产业相关优秀企业、全国行业联盟的深度合作、对接，完成专业群与产业链、专业升级与产业发展、人才培养与岗位需求之间的有效融合，提升产业链需求与专业群建设的匹配度。通过加强先进制造技术与新一代信息技术的深度融合，实现集群内专业的跨界发展，提升高职院校在智能制造方面的技术技能积累，最终形成城教融合、产教融合的良好生态环境。

（二）践行“全人格”育人理念，提高专业群人才培养与人才需求匹配度

面对新基建产业对智能制造人才培养提出的新要求，高职院校可从五个维度（国家社会层面需求维度、家长及校友期望维度、产业行业发展维度、学生能力及发展维度、学校特色及定位维度）出发，构建相对应的“能力素养集合”模块。通过将专业能力与职业精神融合，重构以工作任务为载体的模块化教学内容新体系，将模块包含的所有要素融入教学过程的各个环节中，形成完整闭合的课堂教学生态链。教育要体现以人文本的理念，专业群的建设也应该做到以学生为中心，以“能力素养集合”模块为基准，构建出项目群→工作任务→工作子任务→学习单元的完整课程标准体系，并以此串联起教学设计、实施、评价、诊改等全过程。课堂单元教学活动可按照任务驱动、行动导向、成果展示、评价可测、诊改反思的教学路线开展，完成学习主体由教师向学生的转变，将学习活动贯穿任务完成全过程，让学生在学习的过程中逐步肯定自己，树立自信心，在实践中夯实知识的同时提升品德修养。同时，可针对素质教育、知识学习、能力训练三维度目标，以学生为主体，教师为引导，校企场所交替，贯穿课堂活动、学习阶段、毕业考核全过程，构建三维度、一主体、全过程的立体化评价体系，提升人才培养目标与产业职业标准的匹配度。

（三）深化校企“双主体”育人，创新智能制造产业学院协同育人机制

高职院校根据自身优势与特色专业，明确其在智能制造领域的生态位和分工，以区域内相关产业发展所需要的高水平技术技能型人才为培养目标，掌握智能制造生产链上的核心技术，加大与政、行、企之间的合作力度，实现产教融合，合力搭建产业学院，强化自身智能制造核心技术、技能的储备，加强教师队伍建设，将资源的开发、利用贯穿整个教学过程中。以理事会为搭建基础，产业学院的构建可以实施“顶层统筹”以及“分管共治”的管理体制，深化双

主体“方案共制、师资共融、资金共投、专业共建、文化共融、成果共享、教学共施、资源共建、风险共担”建设机制，并以产业学院为产教融合研究平台，探索研究“标准、专业、资源、队伍、技术、项目和文化”融合机制，保证“基地共建、信息共享、人员互聘、文化交融、人才共育以及协作服务”能够顺利运行。同时，学校应基于智能制造产业空间布局的分布式校企合作格局，在区域内着重打造多个高水准的智能制造校企合作平台，围绕校企对接服务中心、企业博士工作站、技能大师工作站开展产教合作项目、顶岗实习、现代学徒制人才培养、实习基地等标准建设，创新校企合作模式，把单一校企合作升级为政行企校多方协同，为产业链提供更高水平的服务，推动智能制造专业群人才培养机制以及校企合作模式的创新和改革。

（四）开设专业群新基建通用能力课程和专业课程，融入新职业新标准内容

围绕新基建产业背景下的智能制造技术转型升级，学校可采用“平台共享+模块”优化专业群课程体系，将智能制造概论、人工智能的认识作为专业群的平台共享课程，为学生介绍智能制造、智能装备、智能系统、智能系统运维，以及基于5G技术、工业互联网、人工智能的智能制造典型案例，帮助学生夯实智能制造技术技能认知基础。在平台课程的基础上，围绕工业互联网、智能控制、大数据、先进制造、人工智能以及智能制造等方向，依照群内专业组群逻辑开设智能传感器、机器视觉、工业以太网技术、数控设备故障诊断与维修、大数据、云平台以及智能产线系统装调与维护等技术技能方面的模块课程，帮助学生了解人工智能、5G技术在智能制造环节中的应用，满足智能制造新型岗位需求。通过面向全产业链新型岗位群的“市场需求—数字设计—制造加工—物流—营销—售后服务”跨界融合能力实践，帮助学生提高知识和技能的可迁移性，使之成为适合专业群岗位的复合型人才。

面对设备上线、企业上网、园区上云形势，制造企业实时数据采集系统设计，工业大数据存储、分析、管理系统构建，工业软件开发等新型岗位需求，可将工业互联网运维员、工业机器人系统运维员以及大数据工程技术人员等新兴职业和相关职业技能等级标准中的典型任务、工作领域等融入专业群课程体系的实践教学项目，围绕智能制造中的人机化界面信息交流、工业机器人现场操作编程、智能设备安装调试、自动化生产线控制系统运行维护等工作任务，优化课程体系或补充课程内容，使专岗专项的全流程项目贯穿市场、设计、生产、运维等各个环节，培养学生满足智能制造活动所需的智能设备操作、数字

化编程、生产线维护保养、工业现场管理、团队协作等职业能力要求。同时，可对照生产流程分解典型工作任务，每个任务的职业技能严格包含“决策、信息、控制、计划、评价以及实施”等要素，并以此设计教学流程以及组织实施，借助岗位实践实现对学生综合职业能力的培养。

第二节　智能制造专业群组群逻辑

一、智能制造专业群组群逻辑分析

（一）专业基础相通，教学资源共享

（1）建设群共享的“公共课程平台 + 专业基础课程平台”。专业群中的高等数学、大学语文、思想政治、大学英语等公共基础知识学科构成公共课程平台；专业群中各个专业所涉及的专业基础课程有机械原理、传感器技术、液压与气动技术、电工电子技术、机械设计基础、机械制图、智能制造概论等；集群内所涉及专业的核心课程资源实现互通互享，各个专业间的核心课程互相依托，互为其他专业的选修课、拓展课，共同支撑专业群人才培养目标。

（2）群共享校内外实训基地。校内实训基地包括机械原理与零件实训室、电子实训室、电气控制实训室、电工实训室、钳工实训室、PLC 技术实训室、传感技术实训室、车工实训室等硬件共享实践平台；集群内的各个专业之间共用相同的校外实习实训基地，实现教学资源的高效利用和共享。

（3）群师资队伍共享。专业核心课程教师可为其他专业开设相关课程；专业基础课程教师为专业群共享；共享校外兼职教师。

（二）技术领域相近（关键共性技术），职业岗位相关

专业群中各专业技术领域相近，形成优势互补，各专业对应的岗位具有高度的关联性，支持从产品全生命周期，即从市场需求、方案规划、设计、制造、测控、服务等整个产业链的岗位人才培养。

机械制造与自动化专业提供 CAD/CAM/CAPP/CAE 技术岗位，工业机器人技术专业提供工业机器人操作维护岗位，电气自动化专业提供智能控制系统的编程岗位及驱动技术岗位，机电一体化技术专业提供智能加工设备编程操作及设备维修岗位，机械设计与制造专业提供先进增材制造技术岗位，智能制造产业链需要机械制造类、机电类、计算机类等专业协同工作。

（三）智能制造专业群与智能制造产业发展高度吻合

智能制造已经成为助力世界产业经济发展以及技术改革的关键要素之一，是全球新一轮制造业变革的核心。为贯彻落实国务院印发的《中国制造2025》，职业院校进行高水平学校和高水平专业建设，落实提质培优行动计划，打造智能制造专业群，对接智能制造产业链，为“中国制造 2025”不断输送所需人才。相当一部分的智能制造专业群都是以机械制造与自动化为核心专业，其中包括工业机器人技术、机电一体化技术、机械设计与制造、物联网技术等专业，与区域内传统优势产业以及先进制造业对接，能够进一步为区域经济培养出高端复合型技术技能人才。

二、国内部分高水平学校智能制造专业群情况

随着《中国制造 2025》行动纲领在全国推开，为了满足智能制造企业对复合应用型人才需求，全国很多高等职业院校纷纷增设智能制造专业群。

青岛职业技术学院的智能制造专业群立足智能制造产业链，围绕全生命周期智能制造典型生产环节面向的职业岗位群，将机电一体化技术专业作为核心专业，其智能制造专业群包括工业机器人技术、电气自动化技术、模具设计与制造以及数控技术等专业，最终实现为相关产业输送拥有智能制造技术的高水平技术技能型人才的培养宗旨。

山东工业职业学院依托钢铁冶金及装备制造业行业优势，构建智能制造专业群，集群内设置机械制造与自动化、机电设备维修与管理、数控技术、自动化以及焊接技术等专业，旨在培养更多的“智造人才”，让“中国制造”转变成“优质制造”，最终完成“智能制造”。

山东科技职业学院与中国中车、西门子、潍柴动力等龙头企业合作，组建以机械制造与自动化专业为核心，以机电一体化技术、工业机器人技术以及软件技术为依托的智能制造专业群，围绕机器人和智能制造生产线，信息技术贯穿整个过程，对应工艺设计、生产线运维、机器人应用和信息化处理等关键岗位，专业群内各个专业融合成一个有机整体，实现与生产过程的完美对接，培养智能制造生产过程需要的复合型、创新型技术技能人才。

浙江机电职业技术学院的智能制造技术专业群是国家“双高”建设项目中的高水平专业群，面向智能制造产业链（数字化设计、智能服务、智能生产、智能商务等），将先进制造技术作为集群内的核心、共性技术，由工业设计（数字化设计）、模具设计与制造（智能成型技术）、机械制造与自动化（智能制造）、

数控技术（柔性制造）以及工业机器人技术组成，专业方向服务于产业链全生命周期的数字化设计（产品数字设计、3D 打印技术应用等）、智能生产（柔性制造工艺实施、工业机器人操作与调试、在线检测等）等主要环节的核心岗位。

金华职业技术学院智能制造专业群将终端技术链的制造作为桥梁，采用物联网相关技术与工业大数据的结合模式，专注于制造检测、工艺装备、产品设计以及数据管理等环节，对接多轴数控加工、生产过程数据分析、精密模具设计以及系统集成等岗位群，构建了代表国际化的精密模具设计与制造、特种加工技术的模具设计与制造专业，代表电动工具、工艺装备及智能农机方向的机械制造与自动化专业，代表智能控制（向物联网技术和大数据分析方向转型）的电气自动化技术专业，代表多轴数控加工、机电设备装调维护方向的机电一体化技术专业的专业群，培养应用层面的技术技能型人才，完成向制造业输送大批转型升级所需人才的任务。

宁波职业技术学院的智能制造专业群集合了机械制造与自动化、模具设计与制造、机电一体化技术、电气自动化技术、工业机器人等专业，对接“中国制造 2025”示范试点城市建设项目中的高档模具、汽车零部件等产业，产教深度融合培养智能制造创新型人才。

常州机电职业技术学院的智能制造专业群聚焦机器人及智能装备产业，面向智能装备系统及关键单元的设计、制造、集成、调试、运维等岗位，工业机器人技术核心专业服务智能装备系统的机器人 + 制造单元集成，数控设备应用与维护专业服务智能装备系统机器人 + 数控机床单元集成，机电一体化技术专业服务智能装备系统机器人 + 非标装备单元集成，电气自动化技术专业服务智能装备系统整体集成，物联网应用技术专业（工业互联网方向）服务装备系统智能化，以促进学生的德、智、体、美、劳全面发展，力争将学生打造成为操作精、工艺良、懂管理、能集成的高水平复合型技术技能人才。

苏州工业职业技术学院的智能控制专业群对接服务“智能车间装备系统的运行与管理”。以智能控制技术专业为核心，面向智能车间控制系统集成，数控技术面向车间生产工艺规划、设计，工业机器人技术面向机器人集成与应用，机电一体化专业面向智能车间装备系统集成与维护，以“智能控制技术、数控技术、工业机器人技术、机电一体化技术”组建专业群。培养德智体美劳全面发展、岗位能力可迁移、技艺精湛能创新、具有国际化视野的高素质复合型技术技能人才。

北京工业职业技术学院的智能制造专业群对接智能装备高精尖产业，面向智能设备辅助研发设计、产品测试、系统集成等岗位，围绕机电一体化技术这一龙头专业，以工业机器人技术、机械制造与自动化以及无人机应用技术等专业为依托，将培养技术创新型人才作为目标，有效对接智能设备维护维修、技术服务以及营销和售后等岗位，培养技术应用型人才。

无锡职业技术学院智能制造专业群的构建涵盖机械制造与自动化、数控技术、材料成型与控制技术、工业机器人技术以及数控设备应用与维护等专业。专业群面向先进制造业，聚焦航空发动机、燃气轮机叶片制造、汽车零部件等区域高端产业转型升级过程中带来的生产组织方式的变革，以难加工零部件制造工艺、离散型智能制造单元在智能工厂的应用等为主攻方向，围绕产品工艺实施过程中智能设计、智能生产和智能物流等环节，对接数字化设计、毛坯制造、智能工装制造、协同制造、单元安装调试、生产线维护维修等技术链，进行人才培养和技术创新。

上述职业院校的智能制造专业群的共同特点是面向区域制造业，以 4 ～ 5 个技术领域相关、技术岗位相通、专业基础相通、教育教学资源互通互享的专业来组成智能制造专业群，包括智能制造工艺规划、智能产品数字化设计、智能产品制造、系统集成、设备维修、产品测试、智能服务等岗位，培养高素质创新型人才。

第三节　智能制造专业群课程体系建设

随着专业群体系的构建、发展，传统的专业课程体系逐渐被取代，为了保证两套体系的顺利衔接，专业课程的重构和优化是关键，这也是专业群组建的基石。

一、智能制造专业群课程体系建设原则

（一）系统化设计

课程体系建设由教学内容的筛选和优化构成，要想实现专业群课程体系的系统化设计，课程内容的组织要符合岗位典型工作任务以及工作体系的相关逻辑，也就是说以产业和职业岗位对从业者的能力需求为出发点来进行教学内容的筛选，继而按照学生的心理特点、认知规律将教学内容进行科学化、序列化整理，最终形成完整、合理的课程体系。当前的专业群建设存在与技术服务领域对接面广、学生规模以及学习需求日渐多元化的特点，因此单一的线性逻辑

构建理念已经不再适合专业群体系的网格化逻辑架构，这就需要整个体系完成分层搭建：底层共享、中层融合、高层互选。底层平台即通用能力培养平台，面向所有专业群内的学生，使其达到对基础知识的必学、应知、应会。中层平台即交叉能力培养平台，对接专业群中的关键岗位，以培养学生的特定能力以及个性化素质为目的。高层平台即核心能力拓展平台，旨在培养学生的岗位群能力以及职业迁移能力，集群内的所有专业之间可以交叉互选。

（二）模块化课程

课程模块化是专业群建设的特点之一，课程体系的搭建有“平台＋模块”以及“基础平台＋模块＋方向”两种模式。专业基础以及通用能力通过基础平台类课程的开设来掌握，而模块以及方向类课程更多的是面向有不同专业岗位能力以及职业迁移能力需求的学生。根据不同高职院校自身所能达到的教学条件，同一模块的课程可以依照难度或对接不同职业技能等维度进行等级分级，以满足学生的差异化学习需求，从而为其个人职业兴趣的培养以及之后职业生涯的发展打好基础。

（三）项目化资源

将项目化的教学模式引入专业群课程设置上，力争将行业、企业内的可利用资源转化为教育资源，在教学内容中增加新技术、新规范、新工艺，形成教学案例或项目平台。专业群课程体系的改造与升级对教师的教学能力提出了更高要求，如在教学资源开发以及教学设计等方面的能力，而学生在项目化教学中的主观能动性以及解决实际问题的能力也越来越成为培养高水平技术技能型人才的突破点。

二、建设智能制造专业群“平台＋模块”课程体系

作为一个完整的运行系统，智能制造专业群建设涵盖人才培养模式创新、教学团队打造、课程体系优化、教学资源库开发、实训体系构建以及质量保障监督机制建设等诸多因素，而这其中的核心内容是课程体系的建设。专业群内的专业所对接的就业岗位群存在基础知识或技术领域相近的特点，所以对智能制造专业群现有课程进行重构和优化十分必要。以智能制造行业、企业所需要的人才技能为标准，有针对性地进行专业群课程体系重构和整合，同时在课程体系中引入校企合作开发与国际标准对接的理念，在课程中加入智能制造新工艺、新技术以及思政方面的内容，形成以核心职业能力培养为主线的“共享平台＋专业模块”课程体系。

（一）“平台＋模块”课程体系

“平台＋模块”课程体系可以理解为以专业群的设置与规划为前提，将“平台”课程（公共课程和专业群基础课程）以及“模块”课程（专业必修课程、专业选修课程）组合在一起的课程体系。“平台”课程旨在满足专业群建设的基本规格以及全面发展的共性需求；“模块”课程则是注重不同专业人才的分流培养，满足个性化需求。“平台＋模块”的课程体系真正贯彻了“底层共享＋中层分立＋高层互选”理念，使高职院校的学生在掌握通用知识、技能的同时，又有不同专业所追求的特殊技术技能的个性发展。

（1）“平台”课程包括专业群基础课和公共课两部分，旨在夯实集群内所有学生的通用基础知识和技能，以各专业间的共性为落脚点，体现共享性。公共课面向集群内的各专业，目的是完成对学生最基本素质的培养。基础课的教学内容则是集群内各专业共通的基础技能、知识，旨在培养学生的可持续发展能力。同时，专业群内的各专业都能在此平台找到自己的对应接口，其专业基础知识也将在此平台得以呈现，方便对职业迁移能力有提高需求的学生进行学习。在平台中尽可能多地共享集群内各专业的基础理论知识课程，满足有职业迁移能力提高需求的学生进行学习，使不同专业的毕业生都能掌握整个专业群内专业的基础知识，提升其技术技能，提高其就业能力。

（2）“模块”课程的设置要求是能呈现不同专业的专业特色。以工作过程或任务的知识、技能需求为出发点，每一个模块所包含的课程都是实现这一工作过程或任务所必需的专业理论以及技能的综合。专业必修课模块旨在为学生搭建专业基础框架，传授其专业必备理论知识，为之后的专业技术实践做铺垫。专业选修课模块旨在将最新、最前沿的行业信息传递给学生，拓展其专业视野，提升其专业水平和创新研究能力，为其职业生涯的可持续发展助力。在完成学生必修课的教学之后，学校应尽可能多地为学生提供广泛、个性化的选修课程，为学生的职业发展提供更多可能性。

（二）“底层共享＋中层分立＋高层互选”路径

1.底层共享

“底层共享”强调面向高职院校学生提供专业基础知识、技能的课程平台，课程包括公共素质课程和专业基础课程两部分内容。

（1）公共素质课程模块旨在夯实学生通用基础知识以及基本社会技能。课程包括高等数学、形势与政治、大学英语、思想道德修养与法律基础等，此模块属性为共享、必修。

（2）专业基础课程模块旨在传授学生智能制造从业者必需的基本技能以及专业知识。课程包括电工电子、电气控制及 PLC、液压与气动技术、传感器技术、机械制图、机械零件、智能制造概论等，此模块属性为共享、必修。

2. 中层分立

“中层独立”旨在提高学生的本专业职业岗位相关技能，面向专业群中的不同专业，课程体系为“分层递进”式“模块”化课程。

（1）专业方向课程模块旨在提高学生的本专业职业初次就业能力和升迁岗位能力，此模块属性为必修、分立。

（2）专业综合能力课程模块旨在提高学生的本专业岗位综合职业能力，此模块属性为必修、分立。

3. 高层互选

“高层互选”以学生掌握专业基础知识以及核心技能为前提，筛选高层互选课程，旨在进一步提高学生的职业拓展能力，增强其可持续发展能力。

三、智能制造专业群课程体系建设保障

（一）制定智能制造专业群建设机制，保障课程体系建设顺利实施

为成功打造智能制造专业群项目，在学院领导的指导下，成立由系主任、各兄弟院校职教专家、行业企业技术人员组成的智能制造专业群建设指导委员会，共同承担起本系智能制造专业群的组建事务。建立智能专业群建设小组，小组成员包括专业群负责人、专业负责人以及课程负责人等。各专业之间的运行发展、组织协调由专业群负责人负责；各专业的人才培养方案、课程体系、教学标准的制定以及优化等由专业负责人负责；专业内各门课程的研发、升级，包括教学内容设计、教学资源的整理和开发等由课程负责人负责。

（二）实施分工协作的模块化教学，打造高水平结构化教师教学创新团队

智能制造技术是一门综合性技术，集成了工业机器人技术、机械加工技术、自动化技术、网络技术、制造技术、视觉技术、工业互联网技术、人工智能技术、信息技术以及先进制造技术等。一个专业不可能解决一个产业的问题，同理一个专业教师的专业知识有局限，不可能对机械制造技术、机电一体化技术、信息网络技术、工业互联网技术等全部精通，这就要求实施分工协作的模块化教学。

（1）建设结构化教学团队。改变以课程为中心、以专业为基础的传统教师队伍组建方式，根据不同专业的职业岗位面向，重新组建校企融合、跨专业

的模块化“双师型”教学团队。教师不再是独立奋战而是团队协作，要求团队全员参与人才培养方案设计全过程，紧跟技术革新以及产业发展态势，实现专兼结合的高水准结构化教师队伍的组建，校企双方共同打造出名师和技能大师工作室。

（2）建设模块化课程。模块化课程是实施教师分工协作的前提，以“共享平台 + 模块 + 方向”为构建思路，逐步探索新的课程模式，完成对课程体系的优化、重构。共享平台课程是将专业群内各专业必需的知识、技能进行整合，使学生对职业生涯形成初步认知；模块化课程以职业标准为依据，按不同职业方向进行人才分流培养；方向课程灵活设置专业方向，紧贴技术发展潮流以及就业市场需求，使内部课程体系与外部产业信息、资源达到融合互通。

（3）加强模块化课程教材开发。以先进制造业等产业链集群为核心，打造共享课程与项目，开发新型活页式、工作手册式教材，新形态教材以及颗粒化可组合的专业教学资源库。把握课程标准，把立德树人作为根本任务，将创新创业、劳动教育以及课程思政等内容补充进教材。

（4）加强项目式教学模式推广。以“三教”改革为抓手，加快“课堂革命”，以学生为教学活动的中心，由教师主导教学过程，强调项目式教学的行动和成果导向，开展探究式、讨论式、启发式、参与式教学，探索线上线下相结合的学习方式，构建师生学习共同体。提升教师的信息化教学能力，增添诸如微课视频、虚拟仿真动画等信息技术教学形式，完成人机、师生、生生多维度互动，激发学生的主观能动性，满足学生个性化学习需求。

（三）信息化教学资源库

实现教学资源库的共建共享是高效、高质实现教学资源积累的关键。智能制造专业群通过人人参与、专人负责的管理模式以及建标准、分模块的建设模式，构建四级（群级、专业级、岗位级和课程级）教学资源库和信息化平台。

第三章　广西智能制造专业群建设发展研究

第一节　广西智能制造专业群建设背景

一、中国制造业所面临的形势与挑战

随着全球工业现代化进程的不断推进，一个国家的工业化水平也是其综合实力的体现。近年来，新一代信息技术迅猛发展，其在关键领域的突破、融合和应用推动了制造业在技术体系、制造模式、发展理念以及价值链等方面的巨大变革。发达国家和地区为了抢占高端装备制造业发展的先机，均已做好相关布局，美国的“再工业化”战略、德国的“工业 4.0”计划必将有力推动全球制造业格局发生变化，我国制造业也将面临新的挑战。

目前，还处于工业化进程中的我国与发达国家在工业化方面还存在不小的差距。整体来看，我国制造业自主创新能力偏弱，创新体系还处于以企业创新为主体的不完善阶段，并且高端装备与工业设备核心技术依赖进口程度高；环境污染较为严重，能源利用率低；工业产品在国际上缺乏知名品牌，档次相对较低；信息化水平相对较低，与工业化不能达到深度融合；产业结构不合理，高端装备制造业和生产性服务业发展滞后；企业全球化经营能力较弱，产业国际化程度不高。以上种种问题制约了我国向制造强国迈进的步伐。

只有全面提升制造业的制造水平，我国才能在日趋白热化的国际竞争中抢占先机。我国制造业的现状是大而不强，想要完成不仅是“制造”业大国更是“智造”业强国的蜕变，2015 年我国政府正式颁布实施《中国制造 2025》，这是我国基于提升综合国力和国际竞争力，提出的重大战略部署。

《中国制造 2025》是我国第一次从国家层面提出制造业发展的宏伟蓝图，明确指出我国实现从制造大国到制造强国转变的根本保障在于人才。从西方制造业发达国家的发展历程来看，制造业发达的国家都非常重视高端技术技能型

人才的培养，当今的制造业强国，如德国、英国、美国和日本等国家，其职业教育人才培养模式都有自己的特色，如美国的“CBE”、德国的“双元制”、英国的“BTEC”等，这些国家制造业之所以能够取得今天的成就，是因为其长期重视技术技能型人才培养。在我国从制造大国向制造强国的迈进过程中，职业教育的发展尤为重要，应该重视制造业人才的培养，探索出符合自身国情的人才培养模式，培养出大批掌握新技术、新工艺，具有较高素质的高端技术技能型人才。

《中国制造 2025》的实施要求制造业全面提升制造水平，传统产业需要转型升级，战略性新兴产业必须创新发展。新形势下对技术技能型人才提出了新的要求。在产业转型方面，高科技含量的产业（知识密集型和技术密集型产业）将逐步替代低科技含量的产业（劳动密集型和资金密集型产业）；处于价值链低端的产业将向价值链高端的产业发展，这一变化离不开大批掌握新工艺、新技术的复合型技术技能人才。制造业生产环节智能化将成为趋势，这也需要大量的高水准工程师以及技术技能型人才。从生产变化看，制造业生产过程向数字化、智能化集成，在“中国制造 2025”背景下，生产过程的中心是生产者，这也对技术技能型人才提出了新的要求：他们将成为产品的设计者或者是生产的管理者，不再是纯粹的操作人员，这需要从业者不仅能发现问题，更要能分析和解决问题；产品生产将向柔性化、个性化、小批量生产发展，产品最终状态依赖设计者的程度大幅降低，而与生产者密切相关，所以需要生产者是具备跨专业、跨学科的复合型人才。《中国制造 2025》提出的重点发展的十大产业不仅对高端技术技能型人才需求量大，还需要他们能够熟练运用智能化网络系统。从《制造业人才发展规划指南》中对制造业十大重点领域人才需求预测可知，到 2025 年从业人员将达到 6200 万人，相比 2015 年人才缺口近 3000 万。若不解决供需之间的矛盾，将对我国 2025 年基本实现工业化，迈入制造业强国行列的战略目标产生直接影响。国家颁布了一系列的文件，促进职业教育的快速发展，职业教育得到了国家前所未有的重视，职业教育的春天已经来到。

2014 年颁发的《国务院关于加快发展现代职业教育的决定》提出近年来，我国职业教育事业快速发展，体系建设稳步推进，培养培训了大批中高级技能型人才，为提高劳动者素质、推动经济社会发展和促进就业做出了重要贡献。《职业院校管理水平提升行动计划（2015—2018 年）》《高等职业教育创新发展行动计划（2015—2018 年）》《国务院关于印发国家职业教育改革实施方案的通知》《教育部 财政部关于实施中国特色高水平高职学校和专业建设计划的意见》《教育部等九部门关于印发〈职业教育提质培优行动计划（2020—

2023年）〉的通知》《教育部办公厅关于印发〈本科层次职业教育专业设置管理办法（试行）〉的通知》等都体现了当今职业教育必须高质量发展，必须强调内涵建设，职业教育需要培养更高层次的人才，以满足国家制造业发展对人才的需求。

二、广西智能制造专业群建设的必要性

当前，广西制造产业正处于蓬勃发展阶段，其区域经济发展形式为产业集群的新形式。这就要求广西的高等职业教育必须从传统的人才培养模式中跳脱出来，实行校企深度合作模式，加强与企业的交流互通，在课程设置、师资整合、技术设备等方面共同对教学体系进行优化改革，集合优势教育资源，实现供需两端的无缝对接，有针对性地培养学生创新、创业能力，与企业共同培养适应产业集群的高水平复合型技术技能人才。

通过对相关文献的研究，发现职业教育界都存在一些共识，即随着产业转型升级和快速发展，区域产业集群的形成，特别是在“中国制造2025”的背景下，各高职院校都在创新人才培养模式，以期适应产业的转型升级，提升对区域经济输送人才的社会服务力。随着产业集群升级，企业对人才需求不仅需要有“专才”，还需要从业者具备良好的职业道德素养、人文艺术素质、创新创造能力，高职院校传统的“专才”培养定位以及“专才式”人才培养模式已经被产业发展对人才需求的标准所淘汰，其输送的人才与相关行业企业真正需要的人才耦合度、匹配度都不高，达不到“中国制造2025”背景下产业集群发展的人才诉求。只有不断探究、实践新的教育教学体系，并在人才培养实践中对其进行完善，创新人才培养模式，提升输出人才质量，才能顺利解决这一问题，才能助力广西高职教育的改革和发展。

从当今工业发展的历程以及我国制造业发展所面临的形势来看，制造业转型升级已经势在必行。高职院校是广西培养高水准技术技能型人才的重要载体、主要阵地，在新的形势下，专业建设必须顺应时代的要求，大力发展智能制造专业群，在“中国制造2025”背景下，高职院校想要为产业发展输送符合新技术、新标准的复合型人才，就必须创新人才培养模式，加大校企合作、产教融合力度，共育人才，深度对接地方产业，以产业发展的岗位标准、技术标准、工艺标准作为人才培养的依据，构建智能制造专业群，为广西经济发展培养出大批具备新工艺、新技术、新方法且符合新型产业标准需求的高素质技术技能型人才已经成为新的历史使命。

第二节　广西智能制造专业群建设情况

根据《中国制造 2025》的指导和要求，我国装备制造产业快速响应，不管是从组织结构还是生产技术、流程上都进行了较大变革。交叉、相融成为智能制造产业链的新特点，这也对从业者提出了“一专多能”的复合型技术技能要求，不过就目前的高职院校人才培养成果来看，从数量和质量上，高水准复合型技术技能人才的培养还不能完全满足产业升级的需求。这也暴露出当前高职院校人才培养模式存在的弊端，传统的培养模式必须被行、企、校共育人才的专业群组模式所替代，这也是产业发展对高职院校教育提出的必然要求。

任占营提出，高职教育应以自身办学特色为出发点，对接区域产业发展需求，采用“多对一”“一对多”或者“一对一”的方式将两者进行有效融合，最终确定适合自身长期发展的专业群组建方向。处理好专业群的内部相关性、外部适应性以及内外协同性的关系。

广西的高职院校同样需要深度对接广西区域产业，合理组建专业群，以此培养出具备“一专多能”的复合型人才。

一、广西高等职业院校智能制造专业群的分布情况

截止到 2021 年 7 月，广西独立设置的高等职业院校并已经开始招生的学校共 41 所，其中中国特色高水平高职学校建设单位（C 档）1 所，中国特色高水平专业群建设单位（B 档）2 所，中国特色高水平专业群建设单位（C 档）1 所，广西高水平学校 11 所。从区域布局来看，广西 41 所高职院校分布在 12 个地市级城市，其中南宁 20 所，崇左和柳州各 4 所，百色 3 所，北海和桂林各 2 所，防城港、梧州、钦州、贵港、河池和来宾各 1 所。其中，本科层次的高等职业院校 2 所，专科层次的学校 39 所。其中，综合类学校 9 所，工科类学校 15 所，其他类 17 所，具体如表 3–1 所示。从表 3–1 得知，广西高等职业院校不管在数量上还是发展质量上，都与发达地区存在不小差距，且广西壮族自治区内各市之间的院校分布也非常不平衡，南宁市占据了近一半数量，作为工业城市的柳州仅有 4 所高等职业院校。

表 3-1　广西高等职业院校情况表

序号	学校名称	学校性质	归属地	备注
1	广西农业职业技术学院	公办	南宁	本科层次高等职业院校、广西高水平学校建设单位
2	广西城市职业大学	民办	南宁	本科层次高等职业院校
3	南宁职业技术学院	公办	南宁	中国特色高水平高职学校建设单位（C 档）、广西高水平学校建设单位
4	柳州职业技术学院	公办	柳州	中国特色高水平专业群建设单位（B 档）、广西高水平学校建设单位
5	广西职业技术学院	公办	南宁	中国特色高水平专业群建设单位（B 档）、广西高水平学校建设单位
6	广西建设职业技术学院	公办	南宁	中国特色高水平专业群建设单位（C 档）、广西高水平学校建设单位
7	广西交通职业技术学院	公办	南宁	广西高水平学校建设单位
8	广西机电职业技术学院	公办	南宁	广西高水平学校建设单位
9	广西电力职业技术学院	公办	南宁	广西高水平学校建设单位
10	广西工业职业技术学院	公办	南宁	广西高水平学校建设单位
11	柳州铁道职业技术学院	公办	柳州	广西高水平学校建设单位
12	广西水利电力职业技术学院	公办	南宁	广西高水平学校建设单位
13	广西经贸职业技术学院	公办	南宁	广西高水平专业建设单位
14	广西生态工程职业技术学院	公办	柳州	广西高水平专业建设单位
15	广西国际商务职业技术学院	公办	南宁	广西高水平专业建设单位
16	广西工商职业技术学院	公办	南宁	广西高水平专业建设单位
17	广西现代职业技术学院	公办	河池	广西高水平专业建设单位
18	广西卫生职业技术学院	公办	南宁	广西高水平专业建设单位

续　表

序号	学校名称	学校性质	归属地	备注
19	广西金融职业技术学院	公办	南宁	广西高水平专业建设单位
20	桂林山水职业学院	民办	桂林	
21	桂林生命与健康职业技术学院	民办	桂林	
22	广西演艺职业学院	民办	南宁	
23	广西英华国际职业学院	民办	钦州	
24	百色职业学院	公办	百色	
25	广西工程职业学院	民办	百色	
26	广西理工职业技术学院	民办	崇左	
27	广西经济职业学院	民办	南宁	
28	广西科技职业学院	民办	崇左	
29	广西培贤国际职业学院	民办	百色	
30	广西蓝天航空职业学院	民办	来宾	
31	广西安全工程职业技术学院	公办	南宁	
32	广西自然资源职业技术学院	公办	崇左	
33	广西制造工程职业技术学院	公办	南宁	
34	广西物流职业技术学院	公办	贵港	
35	北海职业学院	公办	北海	
36	北海康养职业学院	民办	北海	
37	梧州职业学院	公办	梧州	
38	防城港职业技术学院	公办	防城港	
39	广西信息职业技术学院	公办	南宁	
40	广西农业工程职业技术学院	公办	崇左	
41	柳州城市职业学院	公办	柳州	

二、广西高等职业院校智能制造专业群发展情况

作为广西仅有的两所本科层次的职业院校，广西城市职业大学以及广西农业职业技术学院都开设有种类较为齐全的智能制造类专业，广西城市职业大学设立了智能工程学院作为二级学院，广西农业职业技术学院虽然也开设有智能制造类相关专业，但其专业配置还不能达到专业群组建的基础要求，不能做到“以群建院”。

在专科层次的高职院校中，目前柳州职业技术学院、广西电力职业技术学院、南宁职业技术学院、广西职业技术学院、柳州铁道职业技术学院、广西工业职业技术学院、广西水利电力职业技术学院、广西机电职业技术学院、广西现代职业技术学院 9 所学校均设置了种类繁多的智能制造类专业。并且，广西电力职业技术学院、南宁职业技术学院、广西机电职业技术学院、广西制造工程职业技术学院、广西职业技术学院、广西工业职业技术学院等学校还专门设立了智能制造学院，作为其二级学院。柳州职业技术学院、广西水利电力职业技术学院以及柳州铁道职业技术学院将自动化类、信息类和机械类学科分开独立设置二级学院。

百色职业学院、北海职业学院、广西理工职业技术学院、广西英华国际职业学院、广西经济职业学院、广西安全工程职业技术学院、广西制造工程职业技术学院、广西科技职业学院、梧州职业学院以及柳州城市职业学院 10 所学校目前均设有部分制造类专业，但考虑到专业群建设要求的专业数量和专业结构，这些学校还不能完成智能制造专业群的组建。

从以上学校智能制造类专业发展情况分析，广西有 21 所学校开设有制造类专业，并具有一定的建设基础，传统的工科类学校都有较为完善和齐全的智能制造类的专业体系，但是并不是所有的学校都是按照智能制造专业群的分类来建立二级学院或者系部，仍然有相当一部分学校机械类、自动化类和信息类的学科是独立设置二级学院或者系部。并且，在入围中国特色高水平专业群建设单位以及中国特色高水平高职学校建设单位的学校中，只有柳州职业技术学院一所学校的机电设备维修与管理专业群属于智能制造类专业群学科专业。在入围广西高水平学校和专业的建设单位中，包括柳州职业技术学院的机电设备维修与管理和工程机械运用技术专业、广西工业职业技术学院的机械制造与自动化专业以及广西机电职业技术学院的焊接技术与自动化专业等在内的几个专业属于智能制造类专业。由此分析出，虽然有 21 所学校开设有智能制造类相关专业，但是把制造类专业作为学校主要核心专业的学校并不多。

第三节　广西智能制造专业群建设存在的问题

随着工业化进程的不断推进，广西的制造业也需要进行产业的改革、升级，这就要求大量掌握智能制造领域前沿技术的人才参与到企业转型升级中来，从广西智能制造专业群建设情况得知，广西有约半数的高等职业院校开设有智能制造类相关专业，各个学校也在努力发展智能制造类的学科，近年来也取得了长足的进步，但是总体来看，广西的高等职业教育智能制造类专业群的建设相对于发达地区同类学校和同类专业群来说，仍处于落后地位。下面将从几个方面分析广西智能制造专业群建设存在的问题。

一、广西工业和制造业相对落后制约了智能制造专业群的发展

从国家公布的 2020 年全国各省经济数据来看，广西的 GDP 为 22 157 亿元，在全国排名第 18，在全国处于中下游。广西工业发展的现状是以传统产业作为支柱产业，战略性新兴产业发展动力不足。“2020 中国制造业企业 500 强”榜单中的数据显示，整个广西在全国能够进入制造业 500 强的有以下几家企业：在榜单中位列第 88 位的广西柳州钢铁集团有限公司；第 210 位的广西玉柴机器集团有限公司；第 238 位的广西盛隆冶金有限公司；第 331 位的广西柳工集团有限公司；第 338 位的广西汽车集团有限公司；第 361 位的广西贵港钢铁集团有限公司；第 402 位的广西南丹南方金属有限公司以及位列第 480 位的广西洋浦南华糖业集团股份有限公司。从这些企业的排名来看，能够进入前 100 的企业只有一家，其他企业排名都比较靠后，并且目前只有广西柳州钢铁集团有限公司一家企业能够实现产值达到 1000 亿元以上，而在广西排名紧随其后的广西玉柴机器集团有限公司产值仅有 400 多亿元。这些企业的产业分布领域主要包括钢铁行业、工程机械和内燃机行业、汽车行业。从以上分析得知，广西制造业规模不大，龙头企业不足，产业分布较为单一和传统，广西经济发展与全国相比处于后段，工业更加落后，这些情况也对广西智能制造专业群的人才培养产生了影响。

（一）当前产业对高端技术技能型人才的需求数量并不多

面对广西制造业转型升级整体发展规划，一些大型企业，如广西玉柴机器集团有限公司、广西柳州钢铁集团有限公司以及广西柳工集团有限公司等已经开展了数字化升级改造，成效也逐步显现，但是大多数企业还处于劳动密集型

生产状况，企业生产的产品较为低端，生产技术较为落后，因此对于智能制造高端技术人才的需求量相对较小。就广西工业职业技术学院的智能制造专业群来说，留在广西就业的学生不到50%，这与广西本地企业所存在的薪资水平不高以及岗位技术含量低等不无关系，导致广西本地人才大量流失。

（二）战略性新兴产业发展动力不足造成对于高端智能制造人才需求不大

根据《中国制造2025》，将航空航天装备、高档数控机床和机器人、海洋工程装备及高技术船舶、新一代信息技术、先进轨道交通装备、新材料、节能与新能源汽车、农机装备、电力装备以及生物医药及高性能医疗器械十大领域作为重点发展领域，而在“2020中国制造业企业500强”这一榜单的入围名单中，来自广西的企业只有广西玉柴机器集团有限公司将农机装备作为主要发展的一项业务。由此得知，十大领域占广西主要产业的比重并不大，成果并不突出，这极大限制了高职院校与区域产业中的企业之间实施校企合作、产教融合，制约了广西高等职业教育智能制造专业群的发展。

（三）产业分布不平衡也极大影响了广西高等职业教育的发展

从广西重点制造产业的分布来看，主要集中在柳州、玉林、防城港等城市，而这些城市的高等职业院校并不多，柳州仅有4所高等职业院校，防城港仅有1所新建的高等职业院校，而玉林则没有高等职业院校，而南宁却有20所高等职业院校，这样的分布是极其不平衡的，也制约了广西高等职业院校的发展，如柳州、防城港和玉林的企业对学校合作共同培养智能制造类人才的需求度很大，但学校数量太少。南宁的学校资源竞争则很激烈，而制造业却不是南宁的重点发展产业，在新一代战略性新兴产业没有发展起来的情况下，南宁的学校想要深度对接产业，依托产业进行发展则是困难重重。

二、组群逻辑不够清晰制约了广西智能制造专业群的发展

从目前广西智能制造类专业的分析得知，将该类专业群作为重点发展的学校相对较少，只有包括柳州职业技术学院、广西电力职业技术学院、广西职业技术学院、广西机电职业技术学院、柳州铁道职业技术学院、广西工业职业技术学院以及广西现代职业技术学院在内的7所学校。其中，柳州铁道职业技术学院以及广西机电职业技术学院的智能制造专业群的组建是以相同的学科知识基础为组群逻辑；广西电力职业技术学院、广西职业技术学院、广西工业职业技术学院、柳州职业技术学院以及广西现代职业技术学院则是以相同的技术基础为组群逻辑来对智能制造专业群进行构建，并且这些学校的制造类专业绝大

部分都得到了广西实训基地建设项目以及示范特色专业的大力支持，这为其智能制造专业群的发展打下了坚实基础。其他开始有制造类专业的学校则普遍存在制造类专业学科不全、组群逻辑不清晰的问题，如有的学校将汽车类专业和制造类专业合在一起组群，但是从专业的布局分析得知，汽车类的专业和制造类的专业关联度并不高，特别是有相当一部分学校缺少机械类学科专业，因此出现了组群逻辑不清晰的情况，这势必会影响专业群内部组群逻辑，即群内各专业之间核心专业的作用、职业岗位群的分配、课程体系和平台课程、共享资源、人才培养模式等。

以产业链或产业集群为逻辑组建专业群的思路是国家职业教育发展相关文件中提倡的一种组群方式，但是从对广西产业发展的分析得知，广西的制造业并不强大，因此学校如果仅仅单纯按照这种方式进行组群，将会极大限制本校智能制造专业群的发展。从目前广西智能制造专业群的发展来看，采用以相同的技术基础为组群逻辑和以产业链或产业集群为逻辑组建专业群两种模式相结合的方式进行专业群的组群是可行的，但是必须要梳理好专业群内部组群逻辑关系才能有效促进专业群的发展。现在很多广西的高等职业院校都在着重打造产业学院，如广西工业职业技术学院对接广西玉柴机器集团有限公司建立的对接工程机械及内燃机产业的“智能制造产业学院”以及柳州职业技术学院的“螺蛳粉产业学院”，都是能够有效解决专业发展和产业发展不平衡的问题。通过产业学院的形式对接产业开展人才培养，同一个专业当中并不是所有学生都要按照对接产业的方式进行培养，可根据需求量采取现代学徒制、订单班等方式为产业培养人才，在课程构建方面可开发活页式教材，针对不同的产业人才培养需求开发不同的课程项目，对于需要对接产业培养的学生，则在同一门课程中开设对接产业的定制化培养课程项目和内容，而同一专业不是学徒班的学生则可不选择这部分内容进行学习，真正做到使人才培养、教材开发和教学方式“活”起来。

三、专业群发展缺乏领军人才和高层次人才，教师团队结构需要优化

人才是一个专业群发展的基础保障，从整个广西智能制造专业群发展情况来看，缺少专业群领军人才是制约专业群发展的一个重要因素。广西高等职业院校当中，国家级和区级教学名师的数量偏少，博士数量偏少。从调研的情况得知，各个学校智能制造类专业群及相关学科区级及以上教学名师的数量平均不足 1 人，博士人才平均不足 2 人，有很多开始开设智能制造专业的学校该学科甚至都没有博士研究生学位的教师，这与发达地区同类学科相比差距巨大。

根据《本科层次职业教育专业设置管理办法（试行）》的规定，设置本科层次职业教育专业须有完成专业人才培养所必需的教师队伍，具有博士研究生学位专任教师比例不低于15%。广西各校智能制造专业群具有博士研究生学位的教师的比例与这个指标相距甚远，这也严重影响了各校智能制造专业群的发展。缺少领军人才和高层次人才也就意味着缺少标志性成果，缺少社会服务能力，缺少申报重大项目的机会，就会严重制约专业群的发展。

随着高端装备制造业的蓬勃发展，大量的新工艺、新技术以及新方法被运用到智能制造领域，这也促进了新的专业学科的发展。智能化和数字化已经成为新兴专业的发展趋势，这也使相关专业的教师队伍要储备更先进的专业知识、技能。来自广西智能制造专业群的调研结果显示，新学科新专业的大多数教师都是从传统专业通过进修和学习转入新专业的教学中，因此相当一部分教师的知识结构和能力水平与最新的发展要求存在着差距，需要教师进一步提升自身的专业技能水平。

四、财力、人力的不足影响了专业群的发展

随着制造业技术的不断更新和发展，其对智能制造专业群的学科建设也提出了更高的要求，专业群需要投入大量的资金以及人力、物力才能够跟上专业发展的步伐，而高等职业教育人才培养体系对实验实训体系建设要求非常高，需要建立与这个领域技术发展相匹配的仿真实验实训室，而这也需要大量的人力和财力。通过调研得知，打造一套功能齐全的实验实训体系，需要投入3000万元到5000万元，对于大多数学校来说，没有足够的财力去打造这样的人才培养体系，因此各个学校智能制造专业群的发展受到制约。在有着比较好的实验实训体系的学校中，有的面临着人手不足的问题，这些学校智能制造专业群的招生数量较多，师生比严重不足，教师大多忙于日常的教学工作，因此无法全身心地投入新技术的学习中，也无法针对新建设的实验实训室开发出适合教学的资源和项目，这对专业群的长远发展有极大限制。

综上所述，广西智能制造专业群建设虽然取得了一定的成效，但是在产业发展、组群逻辑的思路、高层次人才的数量、经费和人力的投入方面仍存在不足，各个学校仍然需要加大专业化建设的力度才能跟上产业发展的步伐，达到发达地区同类学科的水平。

第四节　广西智能制造专业群建设的核心要素

一、构建合理的专业群人才培养模式

人才培养模式是专业群开展教学活动的重要依据，构建面向专业群服务的人才培养模式是专业群建设的首要任务。例如，广西工业职业技术学院智能制造学院，其专业群的组成包括电气自动化技术、工业机器人技术、机电一体化技术、模具设计与制造、机械制造与自动化以及机械设计与制造等专业，其人才培养模式明确为“四轴联动、四阶递进、柔性共育”。专业群内的各专业可结合自身的专业优势和特色，构建出与自身专业发展相匹配的人才培养模式。

二、明确专业群人才培养的规格和标准

新方法、新技术以及新工艺的融入与运用是当前智能制造领域的发展趋势。因此，明确人才培养规格和标准是智能制造专业群课程体系得以顺利构建的关键。目前，智能制造专业群课程体系的构建以及课程内容的设计呈现出相对盲目和随意的特点；教学内容与生产实际有所脱节，且相对陈旧；课程体系与人才培养模式并不兼容，不能很好地体现人才培养目标，因此需要对人才培养的规格和标准进行合理的定位。

三、发挥核心专业的引领作用

核心专业引领作用的发挥对专业群的建设显得尤为重要，因此在核心专业的选择上，必须满足“特色鲜明、产学结合紧密、办学理念先进”等特点。在数量上，既可以选择一个特色专业也可以选择两个特色专业，来作为集群中的核心专业。如果核心专业的数量仅为一个，该专业必须符合更高的专业要求，如办学历史久远、教学经验丰厚、对其他专业具有较强的辐射能力，在自身不断发展的同时能有效推动其他专业的发展等。有的学校用两个实力雄厚的专业构建“双核心”专业群，群内其他专业则在这两个专业的引领下，按产业发展需求培养人才，提高人才培养质量。

四、明确群内各专业面向的岗位群和产业集群

专业群各专业能组建成群，其专业之间必须要具有若干共性要素，如人们

常说的“技术领域相近、职业岗位相关、技术基础相通、专业资源高度共享”。关于职业岗位相关，实际上在满足外部组群逻辑的前提下，职业岗位必然具有一定的相关性。专业对接的是具体的岗位，而专业群对接的是岗位群和产业集群。

综上所述，广西智能制造专业群建设的核心要素包括专业群的人才培养模式、人才培养的规格和标准、核心专业的引领作用、专业群面向的岗位群和产业集群，只有将这些专业群内部逻辑梳理清晰，按需构建课程体系，挖掘出人才培养所必需的教学资源，才能够培养出符合时代要求的人才。

第四章　广西工业职业技术学院智能制造专业群建设实践探索

第一节　广西工业职业技术学院智能制造专业群组群逻辑

一、组群背景

随着《中国制造 2025》行动纲领的深入实施，广西壮族自治区人民政府提出了加快企业技术创新，以构建产业群、延伸产业链为主线，努力突破一批重大关键技术，促进其推广应用。紧紧抓住实施制造强国战略和“一带一路”倡议的发展机遇，重点打造体系完整、结构优化、市场竞争力强以及具有明显特色的工程机械及内燃机产业集群，加快实现产业跨越发展。

智能制造是信息化与工业化实现相互融合的关键所在，打造智能工厂，实现核心行业车间的数字化建设，推动智能制造装备、生产线在自动执行、智慧决策以及深度感知方面的功能开发，加快迈进中高端产业结构阵营，工程机械及内燃机全产业链制造过程智能化的推进对生产方式的改革、升级，企业服务、管理以及产品生产、研发的智能化水平提升都起着重要作用。以智能制造产业链的服务、规划、测控、设计、制造为依托，围绕产品全生命周期智能制造典型生产环节面向的职业岗位群及技术要求，组建智能制造专业群。

二、组群逻辑

智能制造专业群依据内部逻辑和外部逻辑进行组群，内部逻辑建立起各专业之间的关系，组建以机械制造与自动化为核心，涵盖工业机器人技术 、机电一体化技术、机械设计与制造、电气自动化技术、数控技术、模具设计与制造以及机械装备制造技术的专业群，形成知识联系；外部逻辑建立起集群内产业的对应关系，专业群对接广西汽车及内燃机先进制造产业的技术链，以智能制造产业链——产品策划、维护服务、数字设计、生产制造、工艺规划为依托，围绕全生命周期智能制造典型生产环节面向的职业岗位群及技术要求，形成职业联系。组群逻辑示意图如 4–1 所示。

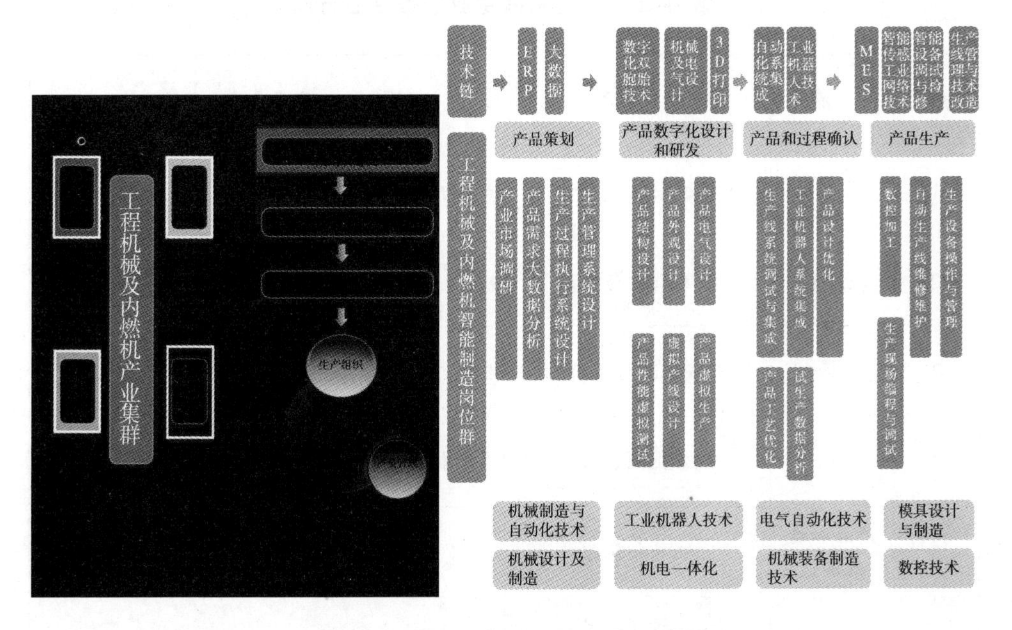

图 4–1　智能制造专业群组群逻辑图

从图 4–1 可知，职业岗位群一头连着产业链，一头连着专业课程体系，建立起系统内部与外部的关联路径，所以职业岗位群是专业群内部和外部之间进行能量和信息交换的载体。

智能制造专业群的组群逻辑符合专业群的构建规律，解决了以下三个问题。

（一）专业群与产业的对应关系

专业群与产业的对应关系一般来说就是专业群的服务面向问题。专业群面向工程机械及内燃机产业集群核心岗位群，从复杂的产业链系统中对接产业链中部分职业岗位群，即只能选取产业链上的部分生产流程环节作为服务面向，将产品策划—产品数字化设计和研发—产品和过程确认—产品生产环节对接职业岗位群，有效梳理了专业群与产业的对应关系。

（二）专业群内各专业的相互关系

如果将专业群视为一个系统，那么集群内各专业之间的关系是其内部逻辑，专业群与产业的对应关系是其外部逻辑。专业群以岗位群所需的智能制造技术链为核心构建人才培养模式，厘清群内各专业方向并形成相应课程体系，根据专业的特点划分专业方向，如表4–1所示。

表4–1　智能制造专业群各专业方向

序号	生产流程	专业名称	专业方向
1	产品策划、产品数字化设计和研发	机械设计与制造	逆向设计及3D打印技术进行产品原型设计
2		模具设计与制造	定型产品制作及模具设计
3	产品和过程确认	机械制造与自动化	制造生产线安装与调试、工艺优化
4		工业机器人	制造生产线工业机器人制造单元集成
5		机电一体化	制造生产线工业互联
6		电气自动化技术	生产线自动化与控制
7		装备制造技术	制造生产线智能装备制造与控制
8	产品生产	数控技术	制造生产线数控机床高精密加工

（三）专业群平台及人才培养定位

高职院校的人才培养方案要求，必须依照专业群的服务面向和各专业的关系来确定职业岗位群，职业岗位群可直接反映专业人才培养定位。专业群设置共享课程及实训基地平台，组建跨专业、跨单位的校企混编教学团队，立足广西，将大批符合智能制造技术要求的高水平技术技能型人才输送到生产线，为区域产业升级提供保障，更好地为广西经济社会发展服务，为工程机械及内燃机先进制造产业提供更多符合企业需求的人才。

第二节　广西工业职业技术学院智能制造专业群人才培养模式实践探索

高职院校人才培养的关键在于其培养模式的构建，因此对人才培养模式进行不断升级、优化能够有效提升专业群组建的质量。此外，专业群内的专业设置要兼顾共性与个性相结合的准则，立足专业群人才培养模式，充分发挥核心专业的优势和辐射作用。

一、智能制造专业群人才培养模式

智能制造专业群确定了对人才进行“四轴联动、四阶递进、柔性共育”的培养模式。“四轴联动”中的“四轴”包括政府、行业、企业以及学校，深度融合进行“多元”育人；四阶递进指的是将人才培养分成四个阶段：一是通用能力阶段，二是专业能力阶段，三是综合能力阶段，四是创新能力阶段，如图 4-2 所示。

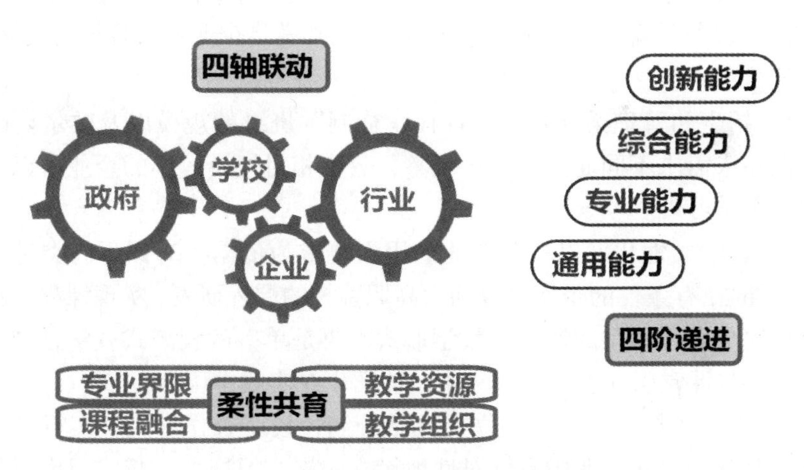

图 4-2　智能制造专业群人才培养模式

（一）四轴联动

政府部门（工业和信息化厅）、行业（机械行业指导委员会）、学校和企业建立密切合作关系，充分发挥政府主管部门引导作用，以行业标准、最新业态为指导，借助企业可利用资源，在产业融合背景下构建协同育人机制，以政、行、企、校四方联动来保障智能制造专业群人才培养模式改革创新的顺利进行。

（二）柔性共育

1.打破专业界限

智能制造是多专业技术复合型的产业，包括先进制造技术、机器人技术、视觉技术、云物大智技术以及信息网络技术等，关系到诸如机械制造类专业、机电类专业、自动化类专业、信息通信类专业等，单个专业不可能服务一个产业，故必须组建专业群才能解决人才培养问题。淡化传统专业的界限，柔性整合专业资源，组建智能制造专业群。

2.打通课程壁垒

一个工厂的工程项目大多是跨课程、跨专业多项技术的结晶，需要多门类、多技术的相互融合，故必须打通课程壁垒，实现课程融合，重构课程体系，建立课程共享平台。

3.教学资源共享

不同企业的用人标准不尽相同，这就要求人才培养过程必然是一个动态的、不断完善的过程。不同企业对人才培养专项课程的要求每年都在更新，因此高职院校在进行人才培养的过程中，也要有针对性地对平台共享课程进行及时筛选、填充，研发新的符合实际的教学案例，以此来满足企业日新月异的发展需求。

4.教学组织柔性化

（1）招生和管理柔性化。“现代学徒制”班级的规模以及数量要随着企业每年的用人需求不同而进行相应调整，数个相对规模较小的企业可以联合起来组建一个学习班。

（2）教学柔性化。以相关企业的用人要求为依据，对课程门类进行筛选和更新。同时，有条件的企业可以助力高职院校的课程研发，实现课程“定制”，校企合力完成课程体系的制定。教学形式不再是单一的校园式教学，加大项目实践比重，将课堂引入企业生产线中，让学生在实践中历练。

（3）成绩考核柔性化。建立弹性学分制，校企合作育人，实行学校和企业的学分互认制。在企业中有针对性地设立跟岗实习岗位，将实习内容与专业必修基础知识相结合，实现两者的学分互换，既夯实了学生的理论基础，又提升了学生的实践能力。

二、智能制造专业群各专业人才培养模式

专业群各专业人才培养模式为“四轴联动、柔性共育”，这体现了职业教

育规律的通用性以及知行合一、工学结合、校企合作、产教融合等共性要求（表 4–2）。

表 4–2　智能制造专业群各专业人才培养模式说明

序号	专业名称	专业人才培养模式	具体内容
1	机械制造与自动化	“三轴驱动、三技合一”	借助智能制造应用技术协同创新中心的人才培养功能，行业、企业以及学校作为三轴共同进行协同育人，以“六位一体”、国际交流活动、创客空间以及实训基地为根本，通过 OBE 成果导向教学改革、工业云课堂信息化、技艺卓越计划与项目导师计划差异化人才培养等教学方法及手段，进行“强通重技”的四阶递进课程体系架构。培养出“数字化自动控制、数字化制造以及数字化设计”三大核心技能合一的高素质技能型人才
2	电气自动化技术	“双元四岗八共 金光圆梦助学”广西特色现代学徒制模式	实施“圆梦计划”——金光现代学徒项目，发挥校企双主体育人作用，学生三年培养过程针对企业岗位开展认岗、跟岗、融岗、顶岗四个学徒阶段，校企共商设置专业、共议人培方案、共评学生能力、共同招工招生、共搭教学实践一体化平台、共组师资队伍、共搭管理平台，不断探索实践广西特色现代学徒制模式
3	工业机器人技术	两元共育、工学结合、四段育人	将培养学生职业能力作为主要任务，实现校企两个主体对课程体系以及人才培养方案的共同研发，以保障教学内容紧贴生产实践。在专业中对接国际标准，形成 OBE 理念的“两元共育、工学结合、四段育人”人才培养新模式

续　表

序号	专业名称	专业人才培养模式	具体内容
4	机电一体化技术	两元共育、工学结合、德创共融	以职业能力培养为主线，通过校企两个主体共同研发课程体系以及人才培养方案，以保障教学内容紧贴生产实践。以专业教育为载体，融入创新环节，增强学生的实践能力，对接国际标准，打造一流专业，形成“两元共育、工学结合、德创共融”人才培养新模式
5	机械设计与制造	一平台、二共育、二技能、四方向	在一个智能制造技术平台上，政府学校、行业企业深度合作（校企二元共育），着力打造机械设计（开设正向、逆向设计课程）、机械制造（开设增、减材制造课程）两个能力模块，培养正逆向设计、增减材制造四个方向人才
6	数控技术	多轴联动、多技合一	对接广西智能装备制造产业，学校、企业、行业多轴联动，培养数字化设计（含正、逆向设计）、数字化制造（含增、减材制造）、数字化自动控制（含集成装调、维修装配）等多种技能型人才
7	机械装备制造技术	双对接、双技能、四合作	将推动校企双方共同育人、合作就业、携手发展，实现学校与企业、学校与学校之间零距离对接，打造“特色化、定制化以及工程化”的高素质技术技能型人才，形成“双对接、双技能、四合作”的人才培养模式
8	模具设计与制造	厚基强技、两种技能、四阶递进	搭建四个阶段模块课程，校、行、企共建公共通识模块、专业通用能力模块、专业核心能力模块、创新创业能力模块课程，前三个模块课程实现“厚基强技”的厚基础，第四个模块实现“厚基强技”的强技能，构建“厚基强技、两种技能、四阶递进”的人才培养模式

三、构建智能制造专业群课程体系，提升人才培养质量

智能制造专业群所构建的课程体系将课程和证书相融通，构建“基层德育基础平台课程共享、中层1+X技能模块课程分流、高层创新拓展提升课程互选”的三级积木式课程体系，如图4–3所示。

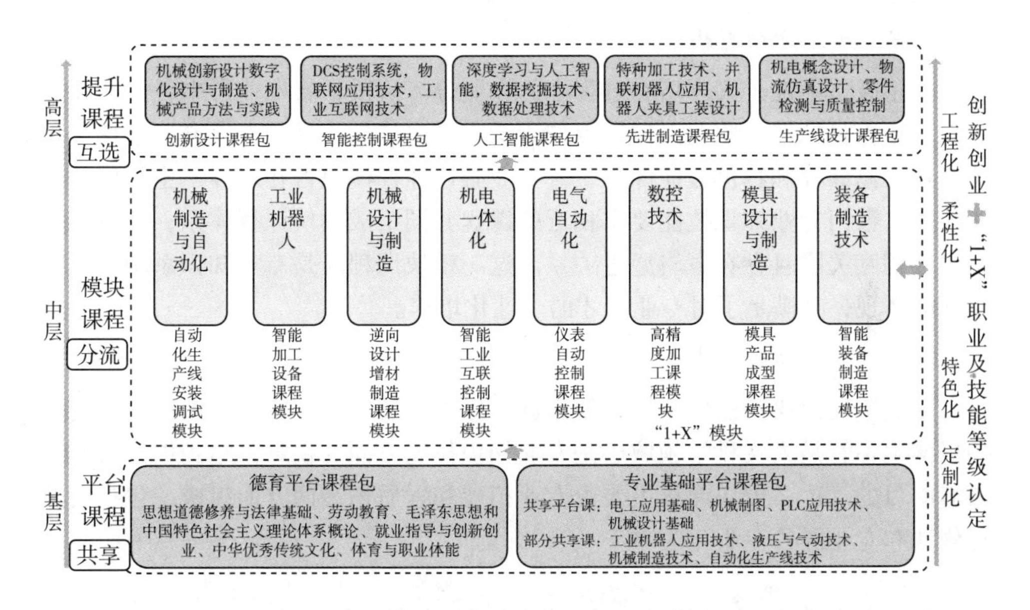

图4–3　课程体系框架

智能制造专业群将所有开设课程按性质分为“公共基础”“专业群基础”两类平台课程和“专业方向分流”模块课程、“专业拓展互选”模块课程。其中，平台类的课程侧重必修，模块类的课程侧重选修，形成了基于公共基础平台共通、专业基础平台共享、专业方向模块分立、专业拓展模块互选、公共拓展模块通选的模块化课程体系，为学生个性化成长提供更多发展路径。

（一）公共基础平台

公共必修课以树德、育人为方向，以传授学生科学文化知识、培养学生职业素养为主要任务，是学校依照国家规定统一开设的课程。公共必修课主要承担引导学生树立正确价值观的任务，包括职业规划、军事理论、大学体育、计算机基础、大学英语以及其他通识类课程。

（二）专业基础平台

专业群平台课程主要以装备制造行业对从业者所必备的知识技能要求为课

程设置依据，是专业群内的共享课程。一年级学生处于专业通识知识技能学习阶段，不细分专业，专业课程内容包括设计基础、智能制造概述、电工电子课、机械制图及 CAD 课等。不管是专业基础平台还是公共基础平台，其教学内容都是向学生传授制造装备和应用装备基本能力的共性技术要求与方法，都是为学生之后的个性化职业发展做铺垫。

（三）专业方向模块

二年级学生处于人才培养过程中的专业分流阶段，将专业群中各专业特色定位、培养目标以及职业岗位特点作为课程设置依据，开设专业方向模块课程（专业必修课程和特色方向课程）。专业必修课程模块旨在培养学生相应的职业能力，数门专业知识技能要求相近的课程共同组成模块课程体系，并且其教学内容相互关联且存在逻辑递进关系。这一模块课程既是专业知识系统性、完整性的体现，又满足了对专业人才的个性化培养。

（四）专业拓展模块

专业拓展模块旨在培养学生创新创业思维以及职业可持续发展能力，通过拓展学生不管是人文科学领域还是专业知识技能方面的视野，达到提升其职业素养的目的。这一模块课程主要由专业拓展和素质拓展两方面组成，包括公共选修课和专业群各专业互选课。

四、智能制造专业群人才培养中的教学诊断与改进工作

（一）“8”字质量改进循环

《悉尼协议》作为国际权威的工程教育专业认证的协议，聚焦专业及课程建设，在目标制定、课程安排、教学实施等方面支撑人才培养目标的达成，对教学诊断与改进工作制定目标链及标准链具有借鉴作用。专业课程体系依照《悉尼协议》，实施 PDCA 常态化质量改进与诊断，从课程体系建设方案（Plan）、课程实施（Do）、课程质量检测（Check）、课程体系改进（Action）四个方面运行诊改系统，形成“8”字质量改进循环，如图 4–4 所示。

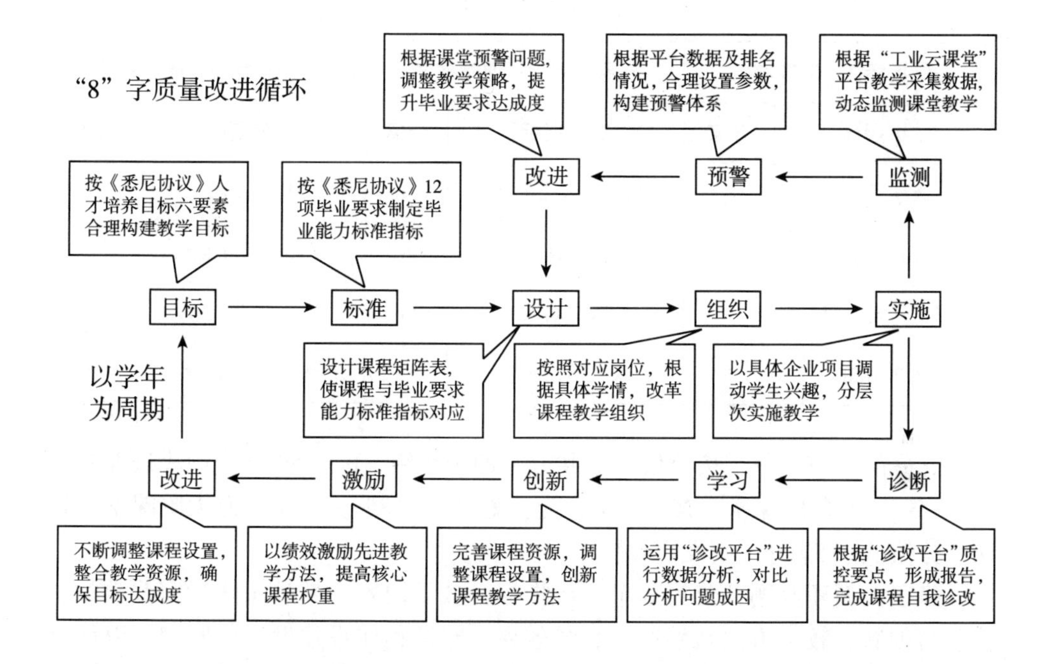

图 4–4　智能制造专业群人才培养"8"字质量改进循环图

质量改进循环以学年为周期，校企联合，将人才培养目标作为着力点，将教学目标立足于学生在毕业 5 年之后能够取得的职业成果，按毕业要求制定教学标准，让学生在毕业时掌握职业岗位所需要的全部知识、技能以及素养。

（二）课程实施与监测

监测环节是教学诊断与改进必不可少的一部分，也是课程顺利实施的有力保障，在机械制造与自动化专业课程体系教学诊断与改进工作中，二级学院与教务处、质管办共同制定行之有效的监测指标体系。在"8"字质量改进循环中，监测分为动态小循环与静态大循环两部分进行，其中动态小循环监测依托"工业云课堂"，主要用于监测课堂教学质量，时时进行评价；静态大循环监测依托"诊改平台"，主要用于监测课程体系建设的质量，以学年为周期验证教学过程对毕业要求的达成度。

动态小循环监测分为课前、课中、课后 3 个一级指标，共计 12 个二级指标，如表 4–3 所示。

表 4-3 动态小循环指标体系

一级指标 1：课前准备		一级指标 2：课堂教学		一级指标 3：课后评价	
二级指标	分值	二级指标	分值	二级指标	分值
教学设计	5	到课率与参与度	30	教学反思	5
课程标准引用	5	PPT 课件	5	学生满意度自评	5
课前活动数量	7	课堂思政	5	学生收获自评	5
题库引用	5	课中活动数量	15	课后活动数量	8

总分值为 100 分，按分值等级共分为四个等级，0 ～ 59 分为待改进课堂，60 ～ 69 分为合格课堂，70 ～ 84 分为良好课堂，85 ～ 100 分为优质课堂，如课堂分值低于 59 分，则发出预警。

静态大循环监测共分为 6 个一级指标：教学内容、教学团队、实践教学、特色与创新、教学方法与手段、教学效果。对课程体系建设进行监测，以诊改平台自我诊断填报为主，每周期根据填报内容生成诊断与改进报告，有权限的部门及个人均可查阅，二级学院督导、专业带头人及骨干教师可根据报告所反映的问题，结合课堂数据逐条诊断分析、整改，实现课程诊断与改进常态化，进一步提高教学质量。

第三节 广西工业职业技术学院智能制造专业群“三教”改革实践探索

实现产教融合、提升人才培养质量、培养复合型技术技能人才、提高区域经济服务力等目标的达成都离不开“三教”（教师、教材和教法）改革。首先，复合型技术技能人才的培养需要人才培养系统的重构；其次，产学研一体化是实现产教融合的基础，而双师团队又是产学研的实施基础，以产学研为基础进行教育教学改革，同时教育教学的规范和成果需要立体化教材来完善和巩固；最后，提升人才培养质量迫切需要深化“三教”改革，而职业教育“三教”改革的目标是加强校企合作，深化产教融合。因此，“三教”改革是落实专业群人才培养模式的主要路径。

一、“三教”改革策略

教师、教材和教法三者之间既相辅相成，又相互促进，具有一定的统一性和系统性。“三教”改革的基础是教师改革，教师是教材和教法改革的实施主体，教材和教法的研发、执行都离不开教师，因此科学合理、有创新思维的教师团队是教材和教法改革的重要支撑。教材是教学过程中重要的教学载体，是教师和学生联系的纽带，是教学改革的产物，优质的教材能更好地提高教师和学生教与学的效率。教法是教师在落实教材过程中使用的教学策略和方法，也是教师在课堂中展示教材改革成果的手段，“三教”改革是否成功在很大程度上取决于教法改革是否正确。因此，在“三教”改革过程中对教师、教材和教法三元素进行统筹协调，使三者成为一个有机的整体进行课程研发和实践，提高课程改革的可行性、实用性以及科学性，切实提升人才培养质量。

实施“三教”改革，要将三要素（教师、教材和教法）进行协调、统筹，明确并行建设的理念，搭建产学研课程建设工作平台，实现“三教”工作的有机结合。以专业群课程的数量和名称为基础来组建课程建设团队，成员包括行业、企业、科研院所以及学校等。采用进入企业调研的方式进行课程建设，将工程项目或企业产品作为经典的教学案例。在完成案例搜集、编写的基础上撰写立体化教材，教材模式包括活页式、工作手册式等。教材的开发伴随着教学资源的挖掘以及教学过程的设计，除了基础的文字形式，微课视频等资源也要充分应用到教材开发中。教法改革应本着以学生为主体，采用项目式、情景式等教学模式，激发学生的学习自主性。在完成师资团队、教材、教法设计和数字资源建设的基础上，进行线上线下混合式教学设计，实现学习者自主、泛在、个性化的学习，最终构建成智慧学习平台。

二、“三教”改革路径

（一）教法改革

1.实施 OBE（成果导向）教学改革

明确专业群内各专业的教学目标有助于制订教学计划、确定教学方向、抓准教学重点、提炼教学内容、设计教学方法以及统筹教学过程。以教学目标完成度为评判依据，反复监测课程实施效果，并据此进行教学内容的整改，修订课程目标，达到持续改进的目的。明确专业培养目标，细化毕业要求，确定课程体系和课程目标，如图 4-5 所示。

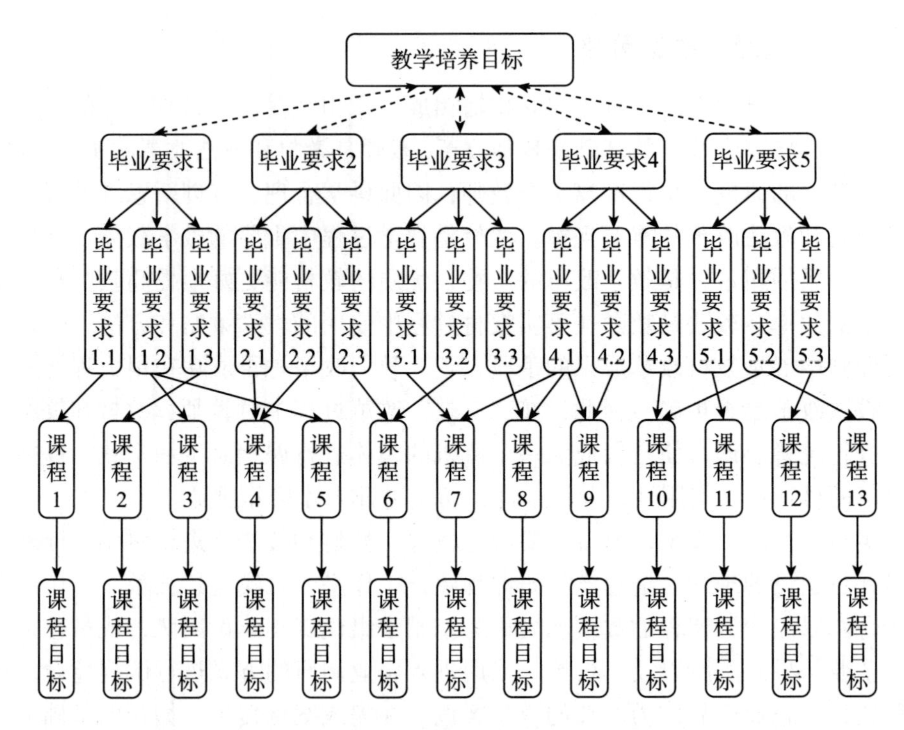

图 4–5　智能制造专业群培养目标梳理图

以专业教学目标为导向组织专业教学活动。对专业群内各专业的教学目标进行制定时，结合院校自身办学特色，打造符合产业需求的学科专业群，优化学科结构体系，紧跟“中国制造 2025”“互联网 + ”等新兴产业发展趋势，设置相关专业，淘汰部分不符合办学目标以及产业需求的传统专业，提升职业院校对国家、区域经济的社会服务能力。“应用型技术人才”是职业院校人才培养的总目标，学校应以促进就业为导向，以服务发展为宗旨，对接社会经济发展以及产业技术进步对复合型技术技能人才提出的更高要求，完成为产业转型升级输送大批专业人才的时代使命。

专业教学目标是培养怎样的专业人才的具体表述。职业院校的专业教学目标首先要符合自身定位以及办学特色，其次要顺应社会经济发展以及产业转型升级的趋势，最后要能反映学生毕业 5 年后在相关专业岗位上能够获得的职业成就。专业教学目标是不断变化的，需要定期评估研判其合理性，再依据研判结果对其进行修订和整改。同时，为了保证教学目标合理有效，研判与整改过程需要校企共同参与，供需双方对教学目标进行把控。

根据社会对技能型人才的需求及《工程教育认证标准》，专业教学目标包括以下六要素：人才类型、专业能力、非专业能力、职业成就、专业领域、职业特征。这里所说的专业能力指的是掌握专业知识要点，运用相关专业知识、方法等，解决问题的应用能力；非专业能力主要指自学能力与创新能力、思维能力和解决问题的能力、表达能力（口头、书面）和合作能力以及心理承受能力等。六方面要素关系如图 4–6 所示。

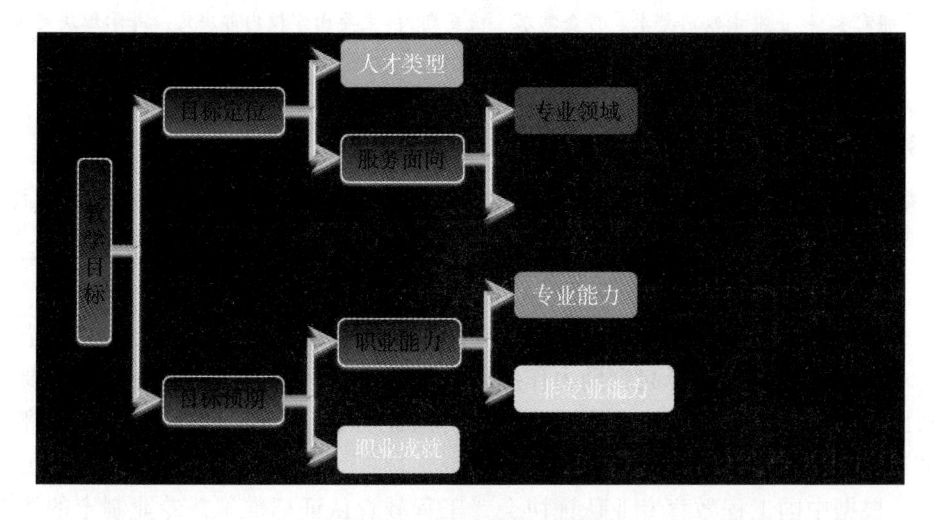

图 4–6　教学目标六要素

毕业要求是对学生毕业时应该掌握的知识和能力的具体描述，包括学生通过本专业学习所掌握的知识、技能和素养。毕业要求是证明专业教学目标达成度的具体知识能力指标。培养目标和毕业要求在定义、时间节点、具体性程度、外部需求程度、测量的对象与类型、资料搜集的循环方面均存在区别，如表 4–4 所示。

表 4–4　培养目标与毕业要求的区别

具体方面	培养目标	毕业要求
定义	学生在毕业一定年限的职业成就的宽泛表述	学生在毕业时的预期学习成果
时间节点	CEEAA：学生毕业 5 年左右；美国、中国台湾：学生毕业 3 ～ 5 年	学生毕业时

续 表

具体方面	培养目标	毕业要求
具体性程度	1. 较宽泛；2. 一般几句话	1. 培养目标具体，但难以测评 2. 一般 6 ～ 12 项
外部需求程度	主要由政府要求、行企需求、校友期望决定	主要由学校内部决定，并承担决定责任
测量的对象与类型	测量对象主要为校友，属于间接测量	测量对象为在校生，属于直接测量
资料搜集的循环	根据学院专业发展、行业发展与教育法规的变革速度进行适当调整	每项核心能力资料应定期予以持续搜集，但无须每年每项成果都必须搜集

在教学诊断与改进体系中，毕业要求是各专业必须明确提出的，并且毕业要求要对达成教学目标起到助力作用。依照教学目标来对相应的专业毕业要求做出规定后，需要通过毕业要求达成评价来证明毕业生能力的达成，用于评价是否达到专业教学目标的要求。

根据中国工程教育专业认证协会《工程教育认证标准》，专业制定的毕业要求应完全覆盖如表 4-5 所示的 12 项内容。

表 4-5　毕业要求的 12 项内容

序号	毕业要求	具体内容
1	工程知识	能够将数学、自然科学、工程基础和专业知识用于解决复杂 工程问题
2	问题分析	能够应用数学、自然科学和工程科学的基本原理，识别、表达，并通过文献研究分析复杂工程问题，以获得有效结论
3	设计 / 开发解决方案	能够设计针对复杂工程问题的解决方案，设计满足特定需求的系统、单元（部件）或工艺流程，并能够在设计环节中体现创新意识，考虑社会、健康、安全、法律、文化以及环境等因素
4	研究	能够基于科学原理并采用科学方法对复杂工程问题进行研究，包括设计实验、分析与解释数据，并通过信息综合得到合理有效的结论

续　表

序号	毕业要求	具体内容
5	使用现代工具	能够针对复杂工程问题，开发、选择与使用恰当的技术、资源、现代工程工具和信息技术工具，包括对复杂工程问题的预测与模拟，并能够理解其局限性
6	工程与社会	能够基于工程相关背景知识进行合理分析，评价专业工程实践和复杂工程问题解决方案对社会、健康、安全、法律以及文化的影响，并理解应承担的责任
7	环境和可持续发展	能够理解和评价针对复杂工程问题的工程实践对环境、社会可持续发展的影响
8	职业规范	具有人文社会科学素养、社会责任感，能够在工程实践中理解并遵守工程职业道德和规范，履行责任
9	个人和团队	能够在多学科背景下的团队中承担个体、团队成员以及负责人的角色
10	沟通	能够就复杂工程问题与业界同行及社会公众进行有效沟通和交流，包括撰写报告和设计文稿、陈述发言、清晰表达或回应指令。并具备一定的国际视野，能够在跨文化背景下进行沟通和交流
11	项目管理	理解并掌握工程管理原理与经济决策方法，并能在多学科环境中应用
12	终身学习	具有自主学习和终身学习的意识，有不断学习和适应发展的能力

完成毕业要求的制定之后，要将其分解成详细的指标点。指标点的得出是经过严格筛选的，能够反映毕业要求内涵，并且方便评判，是毕业要求的二级指标，是对毕业要求的细化，同时是对整个专业培养学生能力（学生学习成果）的梳理。通过毕业要求分解，可实现两个目的：一是合理分解指标点，可以更好地指导教师根据既定的毕业要求实施教学活动，便于落实到具体的教学环节达到易落实的目的；二是细化毕业要求的内涵，其达成需要教学活动（一般为课程）的支撑，因此可通过学生表现和不同课程的学习成果来评判毕业要求的达成情况，达到易评价的目的。

2. 进行混合式教学改革，构建师生学习共同体

改变教师以往陈旧的“灌输式”教学方式，使学生成为教学活动的主体是目前教法改革的核心理念。教改之后的教师职责重点在于对学生学习愿望和兴

趣的启发、引导，培养学生独立思考和解决问题的能力。以往的课程教学以教师单方面传授知识为主，学生更像是倾听者，参与度较低。在目前的线上、线下混合式教学模式中，教师不再只是简单的“知识搬运者”，而是通过加强对学生学习主动性的引导，传授给学生探究问题、发散思维的方式方法，培养学生自主学习的能力。

智能制造专业群对接模块化课程群，将学生作为教学活动主体，运用探究式、启发式以及项目式等教学手法，将线上与线下教学手段相结合，建设专业教学资源库及在线开放课程，以企业项目实施过程为依照，对教学流程进行重新架构，形成师生一体化教学模式。

3. 专业群教学资源库建设

专业群教学资源库框架如图 4-7 所示。

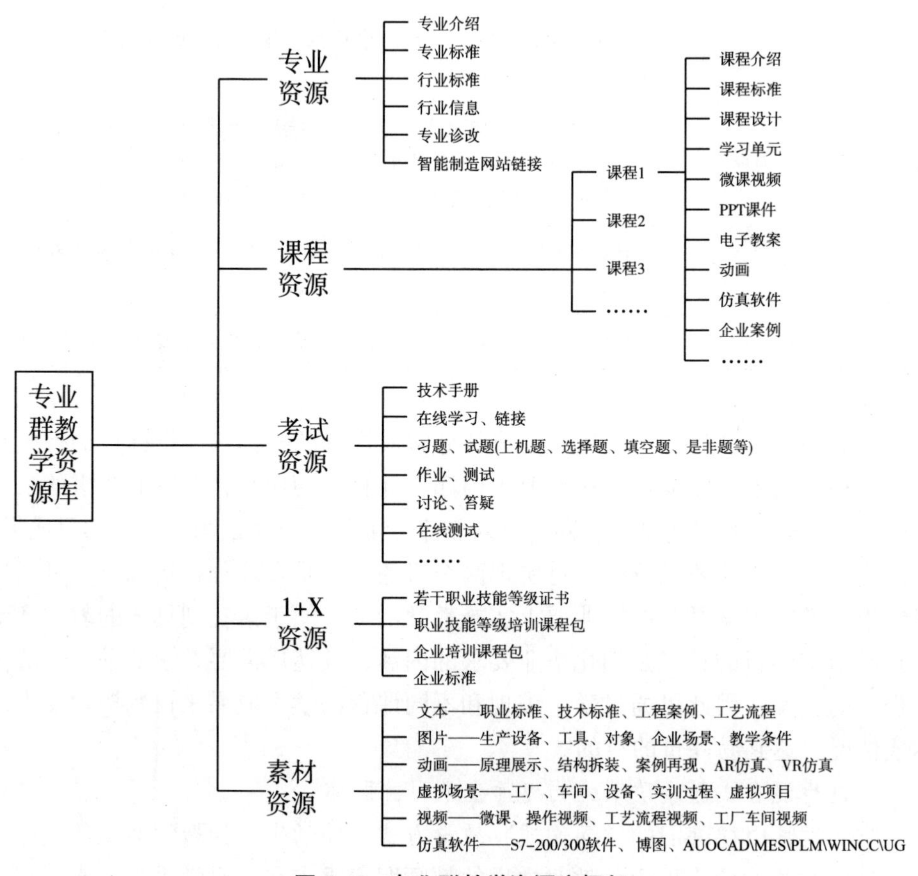

图 4-7 专业群教学资源库框架

根据区域产业特点和岗位调研情况，对专业群课程进行整合、补充、开发，重点建设 PLC 应用技术、工业机器人应用技术、数控加工技术等课程资源库，主要资源内容包括课程简介、课程整体设计、教学日历、教学微课视频、任务工单、教学课件、课程单元设计、课程标准、电子教案 / 电子教材、教学案例、学习指南、作业习题、测试试卷、考核方案、实训指导、学生作品、参考文献等，为企业单位、社会学习者以及高职院校的在校师生提供在线学习、信息查询、资源检索、交流咨询、二次开发等服务。

分层建设课程资源，以项目任务或工作过程为依据对课程模块进行架构；以技能点、知识点为切入点对模块内容进行分解，组建积件，以音视频、动画、文本、图片、虚拟仿真等多种媒体形式对积件包含的知识、技能内容进行呈现，构建海量素材资源。

4. 核心课程的在线开放课程建设

智能制造专业群建设数控加工编程与仿真、PLC 应用技术以及工业机器人应用技术等专业核心课程的在线开放课程，旨在提供一个内容翔实、结构优化的在线课程核心知识点动画、视频资源，更好地为本课程建设提供助力，将海量、最新的学习资源补充到线上、线下混合式教学改革中，培养学生自主、协作学习的能力，激发其学习兴趣，突出核心技能和知识的学习及职业素养的培养，提高教师课堂教学质量，为学生课后提供学习平台。

专业教师与企业专家共同探讨课程的研发、升级，将课程细分为若干核心知识点，共同对岗位能力所对应的课程核心知识点进行筛选，选择岗位能力所对应的课程核心知识点，将细分后筛选出的难点及岗位对应核心知识点作为基础，完成课程的开放录制。

（二）教材改革

1. 基于 1+X 证书制度的课程模块化构建

打造工程机械及内燃机产业集群“信息技术 +”金课，开发一批新技术领域的模块化课程群。以企业工程与生产项目、技能竞赛项目为载体，围绕全生命周期数字化智能制造的要素进行教学内容改造，学做一体，创新多样化教学方法，校企“双元”合作，线上线下开发出一批数字化、“互联网 +”的立体化系列教材。

教材贯穿创新创业教育，同时联合西门子、发那科、Autodesk、Geomagic 等国际知名企业，推行以智能装备制造技术、工业机器人运维技术、逆向设计与 3D 打印技术等为主的职业教育“1+X”证书制度，与行业企业合作，承担起教学资源开发以及标准的制定、考核颁证、考核站点建设等工作。实现“1”和“X”的有效融合，实现专业课程体系与证书培训内容的有机结合，完成对教学内容以及课程设置的优化调整。智能制造专业群引入技能证书如表4-6所示。

表4-6 智能制造专业群引入技能证书列表

序号	证书名称	适用专业
1	工业机器人操作与运维	电气自动化、机械制造与自动化、工业机器人技术
2	工业机器人集成应用	电气自动化、机械制造与自动化、工业机器人技术
3	电工上岗证	所有专业
4	电工	电气自动化、机械制造与自动化、工业机器人技术
5	西门子数字化技术认证课程	所有专业
6	数控车铣加工	数控加工技术、机械设计与制造、模具设计
7	FANUC 程序员	电气自动化、机械制造与自动化、工业机器人技术
8	CAD 工程师	机械设计与制造、模具设计
9	3D 打印造型认证	机械设计与制造

2. 开发活页式教材

活页式教材中的“活页”是指教材的装订形式。教师可以利用其在教学过程中对教学内容进行灵活补充、删改，学生也可以使用其书写笔记、对知识点进行延伸等。教材研发的首要目的在于以德育人，将思政内容融入课程，同时将产业技术新工艺、新标准纳入教材，在教材中增加仿真动画、微课视频等内容，结合信息技术助力教学资源信息化，为学生提供更灵活多样的模块组合与装订形式，研发出符合教改新标准的“学材”。

活页式教材具有以下两方面特点：一是要坚持以习近平新时代中国特色社会主义思想为指导，落实立德树人根本任务，按照“以学生为中心、以学习成果为导向、注重学生综合素质的培养”的思路进行教学设计，以“学习资料”功能来替代其传统的“教学材料”功能；二是以工学结合、知行合一为导向，加强校企合作。

活页式教材是高职院校学生进行有效学习的主要载体，其核心功能是实现对学生学习方法的引导。教材的工作页呈现源于典型工作任务的学习任务，通过问题引导，指导学生在行动中进行理论实践一体化的学习，培养专业能力的同时，促进关键能力和综合素质的提高。

教学用书的工作页由首页和正文两部分构成，如表 4–7 所示。

表 4–7 工作页具体内容

首页		正文	
1. 学习任务	源于生产实际的典型工作任务，具备学习价值	学习任务描述	简要描述学习任务
2. 学习目标	完成本学习任务后，预期学生应当能够达到的行为程度，包括所希望行为的条件、行为的结果和行为实现的技术标准	1. 学习准备	明确工作任务，获取完成工作任务所需的概括性信息，包括理论知识、通用或专用工具、安全要求和注意事项等，均是为“计划与实施”做准备
3. 建议课时	建议完成本学习任务的教学时数	2. 计划与实施	学习制订工作计划、实施质量控制，在行动中学习与完成任务联系紧密的工作过程知识（包括必要的学科性知识）和技能
4. 内容结构	用图式化表示学习与工作内容的要点	3. 评价反馈	对学习过程和结果的质量进行评价和总结，包括专业能力和关键能力，讨论今后完成类似工作任务时的注意事项与改善意见
		4. 引导问题	提出学习问题，引导学生在学习资源中查找到所需的专业知识，思考并解决专业问题
		5. 学习拓展	针对学习内容进一步学习与工作相关的内容
		6. 小词典	解释专业名词或技术术语
		7. 小提示	针对工作安全与质量问题的提示，包括学生在工作过程中应注意的操作规范、维修技巧、注意事项，以及需要提醒客户的要点等

工作页以活页形式印制成书。工作页由活页、活页夹、便携式活页夹、PVC 保护板四部分组成。

学生在使用某一学习活动时可以将其从活页夹中取出，用完后再放回活页夹中保存。另外，教材中设计了“互评表”“自评表”“综合评价表”以及“教师总评表”等评价表格，表头上有“班级”“姓名”“学号”等信息栏，从活页教材中取出评价表填写后可以单独提交。教材中附赠的便携式活页夹主要作用是方便学生将部分教材内容携带至一体化教学场地。教材内附的整张 PVC 保护板可以作为学习记录垫板使用。

（三）教师改革

1. 实施师德师风建设工程

教师改革以习近平新时代中国特色社会主义思想和教育方针政策为指导，以立德树人为根本，按照学院师德师风建设管理制度，在整个教育教学过程中融入思政建设工作。每位教师都要做到忠于教育事业，爱岗敬业，恪守职业道德，教书育人，将正确的价值观、世界观、人生观传递给学生。把握立德树人主体方向，采取建强教学团队“主力军”、聚焦课程建设“主战场”、夯实课堂教学“主渠道”措施，加强思政课教改的探索实践，形成“一体两翼，三融三主”的课程思政育人模式（图 4–8）。

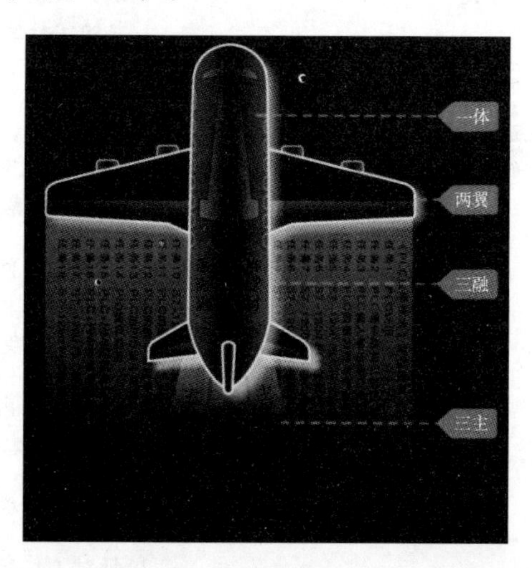

图 4–8 “一体两翼，三融三主”的课程思政育人模式

在专业群各专业中实施专业带头人与党支部书记“双带头人制”、骨干教师与党员“双培养”制度，做到以党建设引领赋能专业建设，以党建设引领团

队教师的师德师风建设；在教学团队中开展系列“信念铸魂、师德为尚”师德师风建设活动，打造一支政治过硬、师德优秀、业务精湛的“双师型”教师队伍。

2. 实施教学团队能力提升工程

（1）提升教师教学能力。围绕教学团队建设目标，通过在职培训、学历进修、教学活动、教学研究、教学能力比赛、国内外访问学习等多种途径，全方位提升现有教师综合素质，提升教师的教学能力。

以课程建设为抓手提升教师教学能力。课程建设作为专业建设的重要落脚地，同时是“三教”改革的集成点，修订课程标准，将课程内容模块化，将模块颗粒化，建设高质量颗粒化资源。对结构化课程内容进行整合、重构，将课程体系改革进行常态化施行，在活页式教材建设中及时填充行业新标准、新工艺、新技术的相关内容。校企共同开发编写活页式、工作手册式教材，共同建设电气维修模块和机械维修模块的微课、测试题等教学资源；校企建设在线开放课程，如工业机器人基础、PLC 应用技术、机械基础、3D 打印技术等在线开放课程。

（2）提升教师服务能力。依托已经建立好的与广西玉柴机器集团有限公司共建的智能制造产业学院与企业开展师资互聘，聘请教授级高工担任机电一体化技术专业的企业负责人，聘请国家级大师工作室负责人开展专业大师工作室的建设，以此实现专业人才培养质量的大幅度提升。此外，行业企业向教师队伍提供挂职实践岗位，用以提升其工程实践能力。定期对教师队伍进行相关的专业技能培训，倡导教师参与企业技能大师以及领军人物等重点研发项目，借力区级技术协同创新中心资源，实现服务能力以及科研水平的提高。团队骨干教师每年参与科研项目，解决企业技术难题，提高社会服务能力。

（3）提升教师国际化能力。依托“丝路国际糖业学院”的品牌，通过出国访学、合作办学等途径，开拓教师国际视野，邀请国外专家团队讲学，响应“一带一路”倡议，为跨国企业解决实际问题，助推教师专业能力的国际化发展。依托海外服务平台，开展专业建设、学术交流、师资培训。与广西建工集团第一安装有限公司、埃塞俄比亚阿尔巴门奇大学就校企联合办学共建“丝路国际糖业学院”签订了三方合作协议；以先进的岗位技术标准，结合学院的优质教育资源，为埃塞俄比亚糖业公司 OMO3 糖厂项目的 40 名管理人员开展了为期 40 天的岗位生产技术及管理培训，取得了令人满意的效果。

（4）构建校际、校企团队协作共同体，促进协同创新。按照“协同发展、创新发展”的理念，完善校际、校企协同工作体制机制，打造两个“共同体”，通过学校与企业之间、学校与学校之间共同建立的一种广泛合作育人联盟机制，整合不同院校的教学资源和企业的社会资源，实现资源、理念、方法以及成果等层面的共享（图 4–9）。

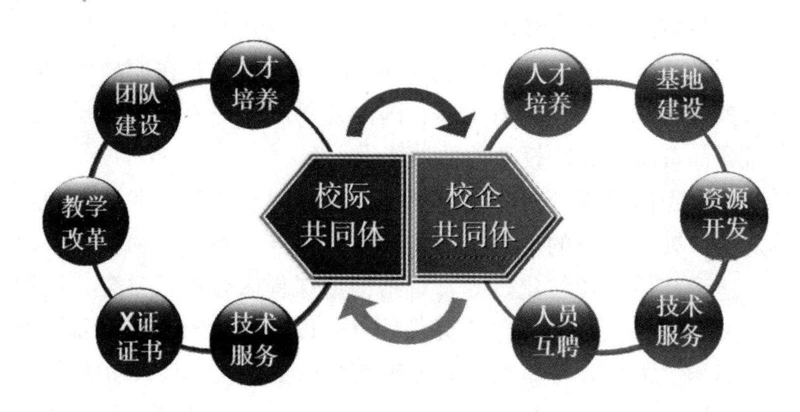

图 4–9　智能制造专业群打造两个“共同体”示意图

依托广西工业职业教育集团，与广西玉柴机器集团有限公司等名企建立产业学院，通过人员互聘、技术创新、资源共建共享、共建实习基地等措施，建立结构化教师教学创新团队，实施校企定制培养、双主体育人的现代学徒制，结成校企合作命运共同体。双方合力完成实训基地的搭建，依托产业学院，广西玉柴机器集团有限公司成为广西第一批产教融合型试点企业。

第四节　广西工业职业技术学院智能制造产业学院建设

为深化教育教学改革，构建校企合作、产业融合新模式，加强内涵建设，广西玉柴机器集团有限公司（以下简称“玉柴”）和广西工业职业技术学院共同组建智能制造产业学院，围绕发动机产业链及新能源产业链方面的智能制造体系架构，在实训基地建设、科研项目合作、人才培养合作、职工培训以及教学资源库建设方面全方位深度合作，创新构建了校企产教深度融合的智能制造人才培养体系，拉开了校企联办、产学融合的序幕，并取得了丰硕的成果，初步形成了产业学院的“玉柴模式”。

一、项目建设背景

为贯彻落实国务院颁布的《国家职业教育改革实施方案》《关于深化产教融合的若干意见》《职业教育提质培优行动计划（2020—2023 年）》等文件精神，

2019 年 9 月，广西工业职业技术学院智能制造专业群与国内 500 强企业玉柴强强联合，共建智能制造产业学院，拉开了校企联办、产学融合的序幕。

2020 年，广西工业职业技术学院成功获得广西职业教育“双高”建设项目，机械制造与自动化专业群成功入围广西高水平专业群建设项目，产业学院的搭建为产教融合培养复合型技术技能人才提供了新的载体，落实智能制造专业群对接广西内燃机先进制造产业的技术链，围绕与玉柴成立的产业学院机械制造与自动化专业群中的电气自动化技术、机械设计与制造、工业机器人技术、机械制造与自动化以及机电一体化技术等专业，围绕实训基地建设、教学资源库建设、人才培养合作、职工培训、科研项目合作方面开展了全面深入的合作。

智能制造产业学院的目标是建设服务广西智能制造产业排头兵，为广西培植“工业树”、打造“产业林”提供强有力的智力保障以及人才支撑，服务广西工业振兴三年行动。

二、“双主体”合作机制建设

以“相互支持、优势互补、互惠双赢、资源共用、双向介入、共同发展”为准则，校企合作开新局，产教实现深度融合，初步形成产业学院的“玉柴模式”，与玉柴真正实现“资源共享、优势互补，共同发展”，初步解决校热企冷问题 。玉柴下属有一个二级机构是玉柴职业大学，有 12 位专职管理人员，他们为所有员工提供系统、完整的培训课程，课程内容包括企业文化、管理能力以及专业能力等相关内容。以《中国制造 2025》全面实施为契机，全新一代国六智能生产线在玉柴全面建成投用，生产线产业人员涵盖了机床装调维修工、铸造工、内燃机装配调试工、数控加工、电工、钳工、车工、铣工等专业工种，从“玉柴制造”向“玉柴智造”转型对高技能人才提出了更高要求，充分利用产业学院职业技能培训资源，发挥校企双方优势，开展各种合作，培养一大批技艺精湛的高技能人才队伍，满足了玉柴产业转型升级和跨越发展对专业人才的需求，更好地为广西经济发展服务。

三、校企共建共享数字化教学资源

充分利用学校课程资源和企业技术资源，校企共建共享数字化教学资源。解决企业工作与培训的“工学矛盾”，同时助推学院智能制造高水平专业群课程建设。

（一）校企合作共同进行人才培养

校企双方根据工程机械和内燃机产业制造技术的特点，共同制定了人才培养方案和课程体系，共同开展课程标准和课程资源的建设，最终为玉柴培养了近 200 名符合企业要求的机电一体化技术领域的员工。

同时，校企共同开发编写活页式、工作手册式教材 4 部，共同建设了电气维修模块和机械维修模块共 5 门课程的微课、测试题等教学资源表 4–8。

表 4–8　智能制造专业群与玉柴共同开发微课列表

序号	课程	内容	学校教师	企业大师
1	西门子 PLC 编程与调试	剧本设计、拍摄微课视频	李可成、辛华健	苏伟
2	LabVIEW 工控软件使用	剧本设计、拍摄微课视频	赵莹莹	顾林
3	555 集成电路	剧本设计、拍摄微课视频	余鹏	谭 柱
4	液压与气动基础	剧本设计、拍摄微课视频	吴坚、覃磊	陈堂标
5	润滑与密封知识	剧本设计、拍摄微课视频	陈晨宗、凌加营	池昭就

（二）校企建设在线开放课程

校企建设了工业机器人基础、机械基础、3D 打印技术以及 PLC 应用技术等在线开放课程。其中，PLC 应用技术课程获评广西高校自治区区级精品在线课程，工业机器人技术课程荣获广西高校信息化教学比赛在线课程赛项一等奖。

（三）共同申报自治区级教学资源库项目

结合产业学院课程和教学资源库建设，广西工业职业技术学院与玉柴共同申报了机械装备制造技术教学自治区级教学资源库建设项目，并成功获得自治区级资源库建设项目。

（四）校企共建实训基地

双方共建实训基地，依托产业学院，玉柴成为广西第一批产教融合试点企业。此外，广西工业职业技术学院协助玉柴在 2020 年获自治区级高技能人才培训基地，建设经费 300 万元。

2020 年 7—8 月，10 位教师到玉柴在电工维修岗、数控加工岗、机器人操作岗和模具岗参加了顶岗实践活动，了解柴油发动机国六智能生产线工艺流程、设备和控制，同时在顶岗实践期间为玉柴企业员工开展了博途软件技术应用、PLC 通信网络技术、工业机器人基础应用、数控维修技术、LabVIEW 基础等新技术培训。学校教师在顶岗实践期间对玉柴企业员工进行在岗培训，内容如表 4–9 所示。

表 4–9　智能制造专业群教师培训玉柴职工列表

序号	培训内容	讲师	上课地点	课时数
1	西门子博途技术	梁倍源	玉柴职业大学 112 教室	15 课时
2	西门子 PLC 通信			
3	发那科 31I 数控系统	梁飞创	玉柴职业大学 219 教室	12 课时
4	LabVIEW 基础	赵莹莹	玉柴职业大学 217 教室	6 课时
5	液压气动	覃磊	玉柴职业大学 204 教室	6 课时

（五）企业员工新技术培训

2020 年暑假，学院为玉柴企业 30 多位员工进行了西门子博途技术、发那科工业机器人技术、数控机床装调与维修、西门子 PLC 通信与网络以及 3D 打印技术应用等新技术培训，获得玉柴好评。

（六）采取一课双师校企教师混编教学模式，打造一流教学创新团队

校企师资互聘共享，教师在玉柴顶岗期间为企业员工培训，邀请玉柴企业导师到学院举行学术讲座、大师论坛，部分课程实施校企混编分工协作、模块化的“一课双师”教学模式，一个教学任务分配两名授课教师，企业技能大师负责相关教学任务的企业工作流程或实践操作，校内教师进行教学组织、管理以及理论课程的教授。企业技能大师的引入旨在借助其丰富的工程经验完成对学生专业技能操作方面的指导，提升学生的职业素质和职业能力。

校企双方依据“开放合作、共建共享、共融发展”的合作理念，创新构建了校企“六维度”产教深度融合的智能制造人才培养体系：校企共同完善产业学院管理体制机制；校企深度融合、协同育人的办学模式；校企共同开发企业课程，共编活页式、手册式教材；校企共享产学互动的师资队伍，一课双师；

校企共建共享实训基地，培训学生和企业员工；校企共同搭建产学研服务平台，申报产教融合项目和攻关项目。

第五节　广西工业职业技术学院智能制造专业群实训基地建设

专业群围绕智能制造的核心技术，与西门子、发那科、ABB 等行业领军企业合作，共建、共享、共发展，打造高新技术引领、专业群基础实训共享、校内外实践互补的实践教学基地，聚焦“智能 + 制造”，构建“智能制造技术创新服务平台”，结合数字化双胞胎技术，打造开放共享、虚实结合、技术领先的全生命周期智能制造校内实训基地，如图 4–10 所示。以人才培养规律为设定依据，实训基地分为初级、中级、高级三个层次，围绕不同等级的企业设立，总建筑面积近 3 万平方米，设备总价值近 8 千万元。

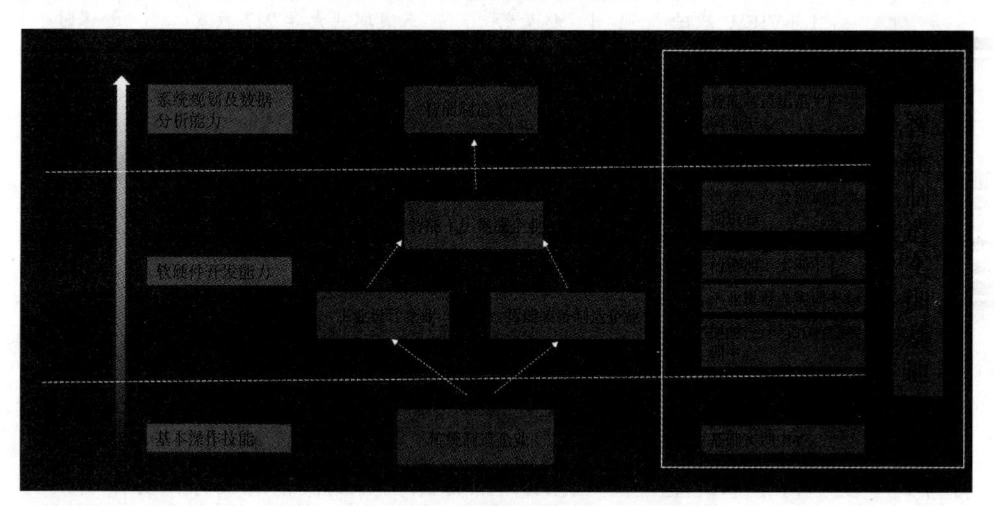

图 4–10　智能制造学院实训基地组建框架

智能制造技术专业实践教学体系的构建以实训基地为落脚点，围绕专业核心技能，将提升学生专业综合技能为主要目的，采取按模块、分层次的训练方法，同时在整个实践过程中穿插职业岗位素养的培养，形成层层递进、由浅入深的“层次 + 模块”的教学体系。项目建设期间，已实施了累计约 30 个班级的智能制造人才培养，共计培养学生 1400 多人。

一、智能制造示范生产线实训中心

智能制造示范生产线实训中心由工业 4.0 全数字化设计研发实训室、工业 4.0 生产运营综合监控实训室以及工业 4.0 工业产品柔性制造实训室组成。实训中心又分为研发与试制区域和生产区域两大区域。

（一）研发与试制区域

该区域主要为工业 4.0 全数字化设计研发实训室，用来进行产品研发与试制品生产，待产品完善后即可进入大规模生产环节。研发与试制主要工作流程如下：

（1）使用数字建模进行产品设计及三维建模，从显式实体和曲面建模到参数化和直接建模。

（2）使用 CAE 所提供的高级仿真建模环境对所设计产品进行复杂的模型分析。通过 CAM 对零件进行编程。

（3）利用同步建模技术可直接进行零件模型设计，包括调整零件的大小、对各个面进行偏置处理以及闭合孔洞和间隙。

在完成以上工作的基础上，后处理系统可直接生成 NC 指令以供数控加工中心直接使用。

（二）生产区域

该区域主要包括工业 4.0 工业产品柔性制造实训室、工业 4.0 生产运营综合监控实训室两个实训室。全部设计工作完成后，即可将设计内容送入生产区域的数控加工中心，完成下一步程序，对设计内容进行加工。此外，利用 PLM 系统的相应功能以及其他相关设计软件，还可以完成诸如机器人离线编程与仿真、物流设计与仿真以及成品包装内容设计等工作。

工业产品智能制造生产线包括工业产品粗加工、细加工两大主要工艺段，每个工艺段使用机器人配合 CNC 加工中心完成生产制造过程。同时，在生产线设计及规划时，利用全数字化设计平台进行统一设计、规划、虚拟仿真，再通过离线仿真进行离线虚拟仿真制造。

在工业 4.0 生产运营综合监控实训室中，由 ERP 系统与 PLM 软件共同组成了整个工厂软件系统的顶层结构，客户下单后，监控实训室中的 ERP 系统会及时对订单做出响应，并将其处理后生成最终可执行的生产工单再将其传送至 PLM 系统，经过 PLM 系统的虚拟研发后，相关的产品信息随即会进入 MES 系统，对现场控制与执行系统进行整体操控。此外，每个生产线上的工件都会将其状态以及下一步生产工序的相关信息通过 MES 系统发送回 PLM 系统，从而使生产流程上的所有岗位人员都能实现同步的数据共享。MES 系统与现场控制与执行系统的总控 PLC 控制器直接连接，MES 系统会根据 PLM 系统转发的产品信息，将与之相匹配的生产任务号传送给总控 PLC，总控 PLC 会将所接受到的任务号分发给各个环节的分控 PLC，各个环节的分控 PLC 会根据相应的任务号来执行其所对应的控制程序，从而达到柔性生产的目的。

二、汽车车身及铝加工实训中心

汽车车身及铝加工实训中心分为汽车焊接生产线实训室及铝加工生产线实训室。

（一）汽车焊接生产线实训室

汽车焊接生产线实训室共配备了三种典型汽车行业机器人技术应用工作站，分别是机器人电阻点焊工作站、机器人涂胶工作站、机器人码垛工作站，并配备了一辆 AGV 小车和一个立体仓库，既能联动形成一条生产线形式模拟汽车产业生产状态，也能单独工作模拟现场单站的工作状态，实时反馈生产线的各种状态、工艺、报警等，模拟真实的生产状态。

（二）铝加工生产线实训室

该实训室利用物联网技术、云平台技术将新建的工业机器人铝加工智能生产线实训基地和原有的工业自动化特色实训基地及机械装备制造技术特色实训基地进行整合，实现主要设备间的互联及数据采集，以校内实训基地为落脚点对智能制造企业的标准化体系进行融合调整，在当前的实训体系中加入人工智能技术、工业云计算技术以及工业大数据采集技术，最终形成包括智能特征、系统层级以及生命周期三个维度，涉及特征、装备、活动等内容的校内实训基地体系。

三、精密加工实训中心

精密加工实训中心是数控技术课程实践性教学和数控机床操作的重要场所，用于培养学生数控编程和数控机床实际操作技能。实训中心最多可同时提供给 200 名学生使用，包括以下实训室。

（一）数控车实训室

数控车实训室拥有 CK6141、CAK4085、CJK6032、SL50 多种型号数控车床 8 台，并配备相应电脑，可完成配合零件的工艺文件编制，对直线、圆弧、螺纹、槽等特征的加工程序手工或自动编写及高精度加工，进行车床维护及保养教学。

（二）数控铣实训室

数控铣实训室拥有 V600、XD–40A 等多种型号机床 7 台，并配备相应电脑，可进行端面、孔、螺纹以及内槽等特征的高精度加工以及加工程序编写，进行圆盘、箱体等典型零件的工艺文件编制，完成加工中心以及数控铣床的维护及保养教学。

（三）多轴加工实训室

多轴加工实训室拥有 A–10 加工中心（进口）、四轴加工中心两台，并配备相应电脑。

（四）精密测量实训室

精密测量实训室拥有蔡司三坐标测量仪 1 台、各种常用量具及测量平台 50 台套，可根据零件图、工艺文件要求对加工工件进行高精度检测。

（五）数控仿真实训室

数控仿真实训室共有机房两间，配备高性能电脑 100 多台，配备 CAXA、POWERMILL、宇龙仿真等正版软件，可根据工作任务要求完成车削件、铣削件的 CAM 软件编程、加工仿真验证、干涉检查、程序优化等学习任务。

四、工业机器人实训中心

工业机器人实训中心汇聚了国际知名的工业机器人品牌（发那科、ABB、库卡）作为实训平台的核心，由实验平台模拟到实际工业现场应用，由工业机器人到特种焊接机器人，使学生熟练掌握工业控制与运动控制、工业机器人现场应用与操作以及机器人技术等机器人实用技术。在掌握机器人高级技术应用的同时，训练学生动手操作能力和故障检测维护能力，让学生熟悉各种不同机器人配置的优点，了解机器人的基础理论知识，以便更好地理解机器人运行原理，为实际操作提供理论指导，学习基本工业机器人的编程、调试技巧，熟知简单的机器人系统。

五、逆向设计与 3D 打印实训中心

按照企业真实工作环境设计，打造一个涵盖逆向工程、工业设计、三维建模、三维精密测量、3D 打印、小批量生产的现代制造技术中心。校企共建区内一流的 3D 打印与逆向工程实训中心，场所总面积近 500 平方米，拥有工位

近 700 个，满足实践教学、技能培训、创新创业和技术服务需求。购置三维扫描仪、3D 打印机等先进设备，将中心打造成代表技术发展最前端的、区内一流的快速数字化设计与制造技术平台。该实训中心功能如下：

（1）三维扫描、点云处理及拟合建模。

（2）产品造型及工业设计。

（3）3D 打印及产品三坐标测量。

（4）工业云服务集成。

通过逆向建模与快速成型实训，满足学生学习当前最前沿的先进制造技术的需求，培养学生掌握逆向工程与 3D 打印等快速数字化设计与制造的专业核心技术，使学生树立创业创新意识、了解创业创新途径、掌握创业创新方法。实训中心通过与广西机械工业研究院进行校企合作，依托研究所工业云平台，实现 3D 快速成型技术的培训、推广及应用。

第六节　广西工业职业技术学院智能制造专业群服务能力建设

一、建设出成效，专业群建设获认可

智能制造专业群将内涵建设作为重要抓手，突出标志性成果，建设颇有成效，机械制造与自动化专业群获得广西“双高校”高水平专业群建设项目。专业群中的电气自动化技术、机械制造与自动化以及工业机器人技术专业是教育部认定的国家级骨干专业，因产教融合深入到位，校企合作成果突出，由专业群主导的智能制造协同创新中心也被教育部认定为国家级协同创新中心。

二、为广西区域经济发展培养大批智能制造紧缺人才

结合广西区域经济高水平智能制造技术人才现状，在原有课程体系基础上打造出了融“智能制造技术技能人才培养”“ 智能制造技术职业技能培训鉴定”“ 智能制造技术科学普及与职业体验”“ 智能制造人才培养体系研究 ”“ 智能制造技术支持和服务”五大功能为一体的紧缺型人才培养体系。为学生的岗前培训、就业实践、技能竞赛、创新创业、培训考证和企业员工培训、技术服务等提供了坚实的保障。

以《国家智能制造标准体系建设指南（2018 年版）》为建设准则，将工业

云平台、工业互联网、人工智能元素、云计算以及工业大数据等技术融入专业群的体系构建中，将智能制造系统架构的生命周期维度和系统层级维度组成的平面自上而下依次映射到智能特征维度的五个层级，建成集工业互联网、智能服务、智能赋能技术、智能装备以及智能工厂五类关键技术为一体，包括从产品设计到生产、物流、销售以及服务在内的全流程智能制造实训基地，近年来已实施了累计约50个班级的智能制造人才培养，共计培养学生3000多人。

三、搭建“双创平台”，培养高技能人才

构建由企业、学院共同参与的“双创”教育平台，突破了传统“双创”教育与专业教育教学不能很好兼容的界限，建立围绕以所学专业为基础的创新、创业精神的培育为根本出发点的“双创”教育体系。学生以专业领域的创新、创业教育为基础开展创新创业活动，取得了一定成效。近三年，共获12项国赛奖项，包括中华人民共和国第一届职业技能大赛（世界技能竞赛选拔赛）“机器人系统集成”赛项第五名、“水处理技术”赛项第六名以及2021年全国职业院校技能大赛“工业设计技术”赛项二等奖等；共获21项区赛一等奖奖项，包括第九届广西数控技能大赛一等奖以及2020年广西职业院校技能大赛“电子产品设计及制作”赛项一等奖等。

2021年1月12日，《广西壮族自治区人力资源和社会保障厅关于公布2020年度自治区级世界技能大赛项目集训基地和第二批高技能人才培训基地项目建设名单的通知》中，确定广西机电技师学院等5家单位（包括广西工业职业技术学院）为2020年度自治区级世界技能大赛项目集训基地建设单位。

四、着力提升团队教师能力

通过企业培训、顶岗实习、参与各类课题研究、参与学生技能竞赛指导、智能制造课程建设、教师教学能力大赛等方法，培养校内教师成为智能制造方向的名师及技术能手，团队教师近两年来积极开展科研和教研工作的部分课题具体如表4–10所示。

表4–10　智能制造专业群团队教师教科研主要成果表

序号	课题名称	级别
1	广西职业教育集团化办学研究专项课题——广西工业职业教育集团“双对接、四合作”人才培养模式的研究与实践	区级

续　表

序号	课题名称	级别
2	基于《悉尼协议》的电气自动化技术专业人才培养模式改革研究与实践	区级
3	基于机电一体化设备的自动检测技术课程改革研究	区级
4	基于神经网络的机器人视觉控制系统	区级
5	基于 PLC 的交流伺服电机驱动及位移控制技术研究	区级
6	《液压与气动控制技术》课程“教学做一体化”教学改革的探索与研究	区级
7	维修电工人员职业培训包的开发与应用	区级
8	广西教育科学十三五规划课题——基于物联网技术的智能路灯监控系统研究	区级
9	新形势下高职电气自动化专业电气控制技术课程教学改革研究	区级
10	MATLAB 仿真技术在电力电子技术教学中的应用与研究	区级
11	基于行动导向的《液压与气动系统应用与维修》课程改革	区级
12	高职高专模具专业高素质技能型人才培养模式探究	区级
13	基于小直径铣刀高速铣削淬硬模具钢的加工效率与切削力研究	厅级
14	广西职业教育智能制造专业群发展研究项目	区级

五、广泛开展社会培训活动

依托专业群技术先进的实训平台和优质的师资队伍资源，积极在校内外开展各类自动化技术培训和技能鉴定，成果显著。近三年来通过基地项目的先进设备，将大批符合用人需求的高水准复合型技术技能人才输送至区域内相关行业企业，积极开展国际培训服务，为埃塞俄比亚糖厂的员工进行了自动化技术的相关培训，累计培训人数达到 1000 人。近三年对外职业培训情况如表 4-11 所示。

表 4-11　专业群主要培训情况表

培训项目名称	开始时间	完成时间	面向对象	培训人数
南南铝业股份有限公司《机器人》培训与技能鉴定	2019-03-30	2019-05-12	企业人员	36
广西南宁东亚糖业集团《岗位技能大赛》	2019-07-15	2019-07-19	企业人员	350
全区职工职业技能大赛培训	2019-08-19	2019-08-21	企业人员	55
中国南方电网职工《低压电工上岗证》	2019-11-01	2019-12-30	企业人员	50
广西玉柴机器集团有限公司企业员工培训	2020-07-27	2020-07-31	企业人员	28
工业机器人技术应用培训班	2020-11-16	2020-11-20	企业人员	110
FANUC 机器人 C 级资格证考证培训及 KUKA 培训	2019-03-30	2019-05-12	企业人员	60
“1+X 工业机器人操作与运维”职业技能等级证书考证培训	2020-08-05	2020-08-16	外校学生	60
“1+X 工业机器人操作与运维”职业技能等级证书考证培训	2020-11-16	2020-12-04	外校学生	60
“1+X 工业机器人操作与运维”职业技能等级证书考证培训	2020-12-07	2020-12-25	外校学生	60
全区中职自动化类骨干教师培训	2021-08-02	2021-08-12	外校教师	70

六、校企共建科技创新平台，开展技术服务和项目申报

专业群通过项目建设，校企院三方共同搭建协同创新中心、赋能中心以及产业学院，为产业升级提供了平台。

智能制造学院与广西机械工业研究院成立了“智能制造协同创新中心”，双方还共同将《高价值钻头自动测量激光熔覆再制造生产线专用机器人研发》

项目成功申报为广西科技重大专项之一的创新驱动发展专项，智能制造协同创新中心也被教育部认定为国家级协同创新中心；智能制造学院还与玉柴成立了“智能制造产业学院”，双方进行了产教融合的深度合作。得益于此，玉柴被认定为广西第一批产教融合试点企业，同时获评2020年自治区级高技能人才培训基地；智能制造学院还与广西科学院成立了“人工智能赋能中心”，开展了科技厅重点项目的申报。

（1）企业横向项目：广西机械工业研究院委托进行“3D打印技术服务”，合同金额22 800元。

（2）企业横向项目：南宁捷瑞达贸易有限公司委托进行“机器人焊接电缆支架工艺测试技术服务”，合同金额15 000元。

（3）企业横向项目：广西玉柴机器集团有限公司委托进行“智能泵自动测试平台技术开发”，目前处于合同签署阶段，金额20万元。

（4）与广西大学以及广西玉柴机器集团有限公司三方携手合作，以“智慧农机动力域控制系统关键技术开发及应用”项目共同申报了2021年度广西科技计划项目，项目金额600万元。

（5）合作研发项目：与广西科学院人工智能研究院合作开展“人工智能全自动焊接工艺流程控制系统研制”。

（6）合作研发项目：与广西科学院人工智能研究院合作开展“人工智能喷漆涂层质量在线检测系统”。

（7）申报广西创新驱动发展专项“人工智能全自动焊接工艺流程控制系统研制”。

（8）申报广西创新驱动发展专项“制糖生产蒸发工段人工智能工艺流程改造项目”。

七、国际交流与合作初现成效

学校与广西建工集团第一安装有限公司、埃塞俄比亚阿尔巴门奇大学就校企校联合办学共建“丝路国际糖业学院”签订了三方合作协议。

在泰国两仪糖业集团董事长汪东财先生（泰国国会议员、泰国商会大学董事局局长）的力推下，泰国两仪糖业集团与学院在开展教师互访、学生互派及校企共同开发课程、研究课题、建立标准等方面进行合作，并转变传统的“校企”（广西工业职业技术学院、泰国两仪糖业集团）合作上升至“校企校”（广西工业职业技术学院、泰国两仪糖业集团、与泰国两仪糖业集团合作的泰国职业院校）合作，再上升到中泰两国之间职业院校合作。此外，专业群与泰国皇家理工大学签订了长期合作协议，共同开展了暑期互派交流生（25～30人/期）的合作项目；学院与泰国甘他拉叻区技术学院、哝颂宏技术与管理学院、黎逸职业学院以及彭恩工业社区学院等高校在人才培养以及职业教育等方面达成合作意向，签署了合作备忘录，并与泰国相关院校共建专业、联合培养学生。

专业群积极引入国际标准，《悉尼协议》是工程教育与工程师国际互认体系之一，由美国等一些国家发起并构建，起源于20世纪80年代，其国际认证标准对我国高职层次的工程教育有着很大借鉴作用。专业群目前已与麦可思数据（北京）有限公司就“按照《悉尼协议》范式开展专业建设研究与服务”项目进行签约，并依照《悉尼协议》对现有各专业进行人才培养模式改革。

八、产教深度融合，进行现代学徒制人才培养模式改革

2018年3月，广西工业职业技术学院与世界排名前十的金光集团APP（中国）联合推出了“圆梦计划”助学项目，旨在进行教育精准帮扶，助力贫困学子圆梦大学，同时兼顾企业用人需求，为毕业学子打造就业平台。该项目由金光集团APP（中国）、广西工业职业技术学院以及广西大学轻工与食品工程学院三方携手，以“助学圆梦贫困学子、培养社会卓越人才”为初衷，设立了“圆梦计划”金光电气自动化现代学徒班，实现招生与招工一体化，招生面试由广西工业职业技术学院以及金光集团APP（中国）联合进行，校企合作、“双师”合育，共同对制浆造纸企业所需人才进行培养计划的“定制”。

第五章　广西工业职业技术学院智能制造专业群主要专业的人才培养模式实践探索

第一节　机械制造与自动化专业人才培养模式实践探索

一、研究背景

我国正经历从制造大国向制造强国的转变，《中国制造 2025》的提出及广西贯彻落实《中国制造 2025》布局的落地对现代制造业提出了更高的要求，由此需求大量掌握逆向工程与 3D 打印、自动化制造技术的高素质技术技能型人才。广西工业职业技术学院机械制造与自动化专业于 2015 年度获得广西职业教育示范特色专业级实训基地建设项目、2017 年度列入广西高等职业教育创新发展行动计划作为骨干专业进行建设、2018 年度与深南电路股份有限公司联合推进现代学徒制试点的运行并参与广西职业教育智能制造专业群发展研究基地项目、2019 年度作为代表专业完成广西壮族自治区对广西工业职业技术学院诊改复核的诊改汇报、2020 年度作为学校代表专业申报并被广西壮族自治区确认为广西工业职业技术学院双高建设专业。

二、研究思路

围绕广西装备制造业发展需要，尤其是广西玉柴机器集团有限公司、广西贵糖（集团）股份有限公司、西江造船厂、贵港新能源汽车产业园等相关企业农业机械化以及产业升级转型、产业链外延的需要，服务贵港地方经济，辐射桂东地区机械装备制造产业；以专业对接产业发展需求为导向，坚持产教融合、协同推进的原则，以学生的学习成果反向设计课程体系、以能力培养对接岗位需求改革课程体系，如图 5–1 所示。

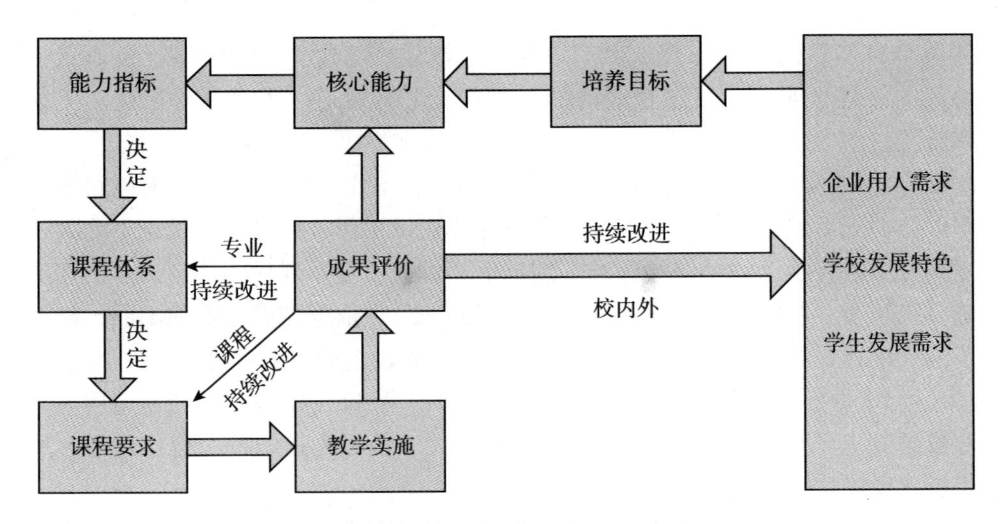

图 5-1 机械制造与自动化专业人才培养模式研究思路

创新校企合作模式，推动人才培养与产业发展更深层次融合，与企业共谋教师队伍、专业架构以及实训体系的建设发展，实现高校人才培养与产业发展需求的无缝对接，不断增强对行业企业的社会服务功能，将机械制造与自动化专业打造成区域内装备制造业的服务源、技术源以及人才源。

三、机械制造与自动化专业人才培养模式实践过程

（一）创新现代学徒制运行机制

以优化现代学徒制运行机制为宗旨，拓展校内校外的教育教学资源，践行校企合作的内核，实现职业教育与行业企业的有机结合，以学校文件精神为指导思想，以机械工程系近年来在校企合作方面的工作经验为支撑，于 2018 年与深南电路股份有限公司合作创建现代学徒制试点专业。

（1）系部成立了“现代学徒制”试点工作小组，系主任任组长，副书记、副主任、各专业负责人、班主任及指导老师为成员，按照学校文件，有计划地推进“现代学徒制”的试点工作，不断完善，做到一个企业一套方案。

（2）前期对企业进行考察和筛选。一是考察、筛选了跟岗实习企业，确定了深南电路股份有限公司、深圳纳斯达工贸有限公司、广州数控设备有限公司等 16 家企业为跟岗实习单位；二是筛选出在“现代学徒制”方面有强烈合作意向的企业两家。

（3）与深南电路股份有限公司合作创建“现代学徒制”试点专业，成立“深南现代学徒制班”，自 2018 年起，已完成机自 1833（深南）、机自 1934（深南）

共两个自然班的组班工作，共有学生 60 余人。完成学校、学员、企业三方协议的签订，明确学员在企业的员工资格、晋升通道、人身意外保险、工伤保险等。

（4）落实系部与企业双方指导教师的互聘工作。2018 年，深南电路股份有限公司先后派出 6 名人员到学校参加专业建设工作，修订完善试点专业人才培养方案、教学计划及课程标准。制定了“机械工程系现代学徒制试点工作实施方案”及“机械工程系现代学徒制管理办法”，依据试点专业的不同，修订了人才培养方案、教学计划及课程标准，使之满足企业需求，适应现代学徒制。

（5）做好试点专业教师的培训工作。2019 年 11—12 月，学校派遣两名专业教师到电子科技大学参加省培，为期 56 天，学习先进的校企合作理念，用于指导现代学徒制试点工作。

（6）自 2018 年，系部先后派遣学徒和其他专业的学生到深南电路股份有限公司、深圳纳斯达工贸有限公司等企业进行见习和跟岗实习，企业方依据学生人数合理安排企业技术人员作为见习和实习学生的指导教师，将专业知识、技能传授给学生，以现代学徒制人才培养模式为基准，到后期见习和跟岗实习学生均已能熟练完成大部分日常工作，见习学徒的月薪已达 4000 元以上。

（7）正视企业的需求和学校现存条件之间的差距，校企共同修订人才联合培养方案。学校和企业双方携手，共同承担起编写教师评价记录手册、师傅评价记录手册、岗位考核标准、现代学徒制教材以及学生学习评价记录手册等工作，打造多维度的质量评价体系，并对评价过程进行监督管理，解决企业指导教师的授课内容与学校大相径庭的问题，同时与企业合作进行深入研究，探讨行之有效的可持续运行机制。

（二）创新机械制造与自动化专业人才培养模式

为满足区域经济社会发展以及智能制造产业升级对复合型技术技能人才提出的新需求，以广西智能装备制造产业群为依托，加强与智能制造应用技术协同创新中心合作，共育人才，对机械制造与自动化专业进行“三轴驱动、三技合一”人才培养模式创新，如图 5-2 所示。

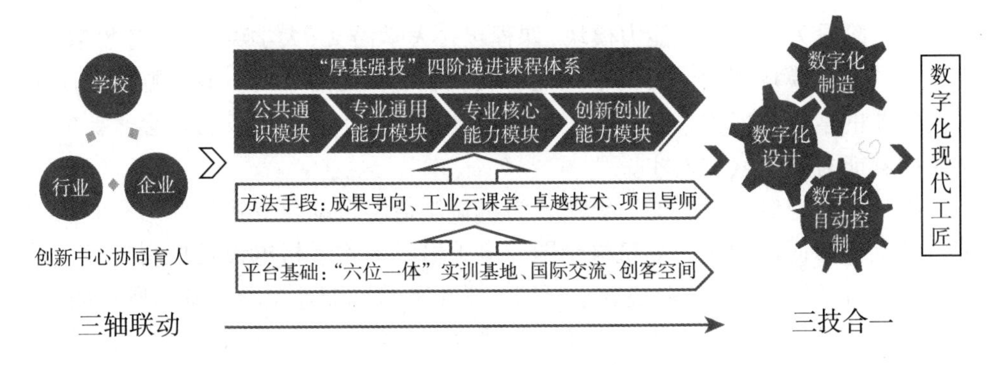

图 5-2　专业人才培养模式图

（三）优化机械制造与自动化专业课程体系

对智能制造应用技术协同创新中心的教育教学资源进行优化升级，行业、企业以及学校三方合力完成专业通用能力模块、公共通识模块、专业核心能力模块以及创新创业能力模块课程的设置，创新创业能力模块课程实现"厚基强技"的强技能，其余模块实现厚基础。同时，针对不同学生的能力，在第四阶段设置不同能力等级的四个子模块进行教学，学生通过四个子模块学习，实现差异化教学，如图 5-3 所示。

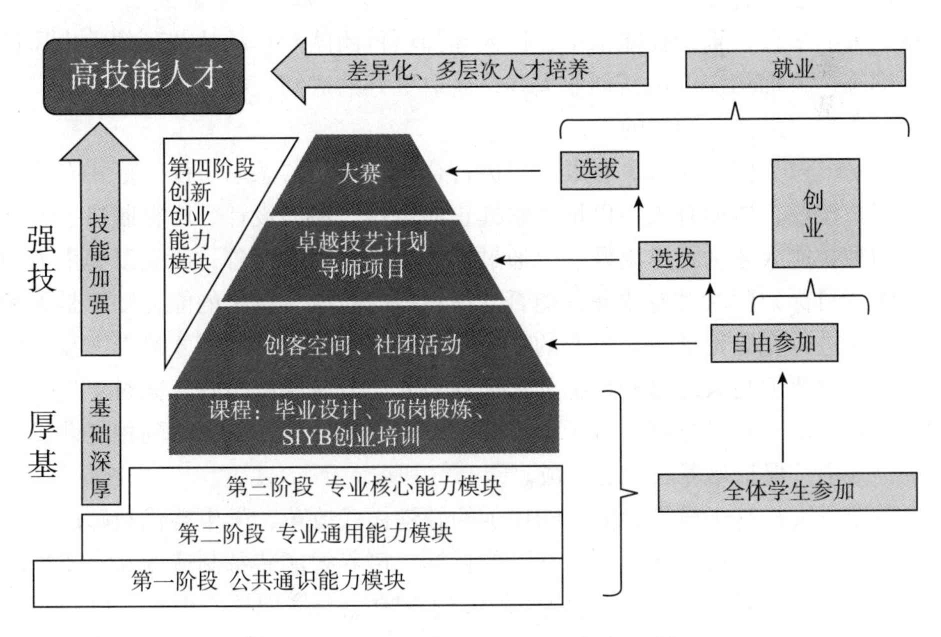

图 5-3　"厚基强技"四阶递进课程体系

第一阶段为公共通识能力模块，课程包含大学语文、大学英语、高等数学等，完成公共通识模块课程学习的学生能够收获职业技能之外的、专业群职业岗位共同需要的素养和能力，具备正确的价值观以及人生观，成长为社会需要的有解决问题能力的高素质人才。

第二阶段为专业通用能力模块，为机械制造与自动化专业需要的职业能力提供基础支撑通用课程，如机械制图、电工电子技术、机电设备控制技术、液压气动与自动控制等，该模块教学可培养学生的基础职业素养和基础职业能力。

第三阶段为专业核心能力模块，主要针对机械制造与自动化专业需要的核心能力设置课程，如数控加工技术、自动化生产线安装与调试等，将新技术、新工艺引入课程，贴近区域装备制造业产业升级人才培养需求，培养学生的专业技能，提升学生的动手实践能力、自学能力和持续学习力。

第四阶段为创新创业能力模块，包含课程、大赛、创客空间与社团活动、卓越技艺计划与导师项目共四个子模块，不同兴趣、不同能力的学生可通过这四个子模块的学习，培养不同的技能，实现差异化教学，达到因材施教的目的。

其中，第一、二、三阶段与第四阶段均为学习基础阶段，所有学生均需要参加学习以获得毕业所需的学分，实现“厚基”。

学生在参与课程学习的同时，可自由参加创客空间、社团、协会的活动；表现优异的学生通过老师的推荐及相应测试，进入导师项目团队或卓越技艺班，获得更大的平台，提升技能水平；进入导师项目团队及卓越技艺班的学生通过专项训练，参加相应的创新创业大赛，获取更好的成绩，技能水平得到进一步提高，达到“强技”的目的。

与麦可思数据（北京）有限公司进行合作，开展“悉尼协议”范式专业认证工作。按校企协同育人，以培养掌握正向设计、逆向设计、增材制造、减材制造四种技能人才为根本出发点，通过基线分析、调研报告，确立以学生为中心的教学目标，同时对专业课程能否支撑目标的达成、设定的能力知识是否为职业所需进行充分论证，对专业的培养目标进行评价，修订人才培养方案，编制毕业能力要求与人才培养目标要求关系矩阵、专业课程矩阵。同时，进一步细化毕业要求，将其分解成若干个指标点，并将指标点逐一分散到相应课程内容的设置中，保证培养目标的达成。

对课程进行基于成果导向（OBE）的教学模式改革，学生替代教师成为新一代教学活动的中心，达成“厚基”的目标，培养智能装备制造业高素质技能型人才。在建设期内，主要重点建设 10 门专项能力培训核心课程，以毕业能力要求与课程的关系矩阵为依据，以目标要求为准则，完成对课堂教学流程和能力培养模块以及成果输出评价方法的设置，使学生在学习的同时实现自身价值，最后根据教学效果反推课程设置和教学计划，不断对整个教学过程进行修改、优化，改革以课堂教学为中心的模式。具体课程建设如表 5-1 所示。

表 5-1　课程建设一览表

序号	课程	负责人
1	机械制图	兰芳
2	自动化生产线安装与调试	曲宏远
3	机电设备控制技术	吴坚
4	数控技术	唐运周
5	机械制造技术	徐媛媛
6	工业机器人	张军辉
7	自动控制与 PLC	赵永信
8	机械设计基础	龙锦中
9	三维扫描与创新设计	黄斌斌
10	3D 打印技术与应用	梁飞创

通过项目导师制的方式深化技艺卓越计划。学生经过第一学年结束通识能力模块课程学习后，通过报名、创客空间、社团、协会及老师推荐的方式，进入技艺卓越班初选。经考核，每年选拔出不超过大一总人数 5% 的学生进入技艺卓越班进行学习。技艺卓越班不按专业独立成班，学生按卓越计划人才培养计划分两部分进行学习，第一部分继续学习专业通用能力与专业核心能力模块课程，第二部分通过参与导师的项目实现技能的强化。

项目导师制中，每名导师可申请立项技能大赛、科研课题、实训设备研制、社会服务四类项目，以技艺卓越班学生为主，普通班学生为辅，一名导师带 2 ～ 3 名学生，实行“项目制”教学活动形式。以全员、全方位以及全过程育人的现代教育理念为指导思想，除了完成日常教学，导师还要对学生进行全面指导，提高学生的技能水平。借助“厚基强技”的课程培养体系，进行差异化、多层次人才培养，以培养出大量品学兼优、技能卓越的学生。

在前期引入智能制造行业标准、国家职业资格相关工种技术标准的基础上，将世界技能大赛相关赛项规程引入课程中，通过综合运用实训、技能鉴定、技能大赛、企业顶岗实习等途径，在人才培养的整个过程中融入相关技术标准和规范，着力培养学生的可持续发展能力以及创新思维。

（四）搭建产教融合高端实训基地

以 2015 年机械制造与自动化专业获得的广西职业教育示范特色专业级实训基地建设项目为基础，依托协同创新中心，校、行、企合作共建“六位一体”实训基地，如图 5-4 所示。

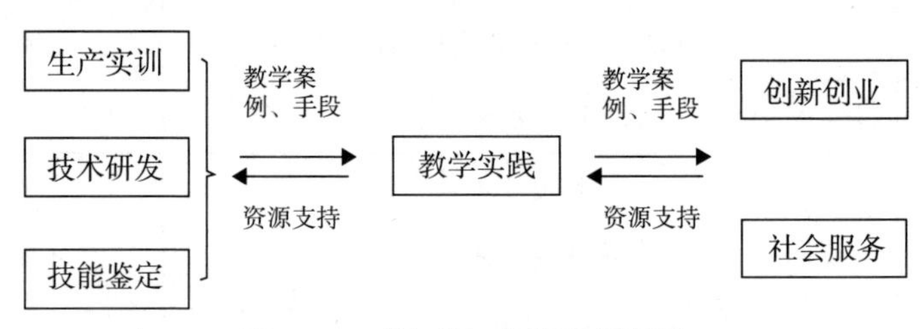

图 5-4 “六位一体”实训基地

加强校企合作、工学结合。将经典的企业生产实例融入教学内容，同时打造真实或仿真的教学环境，使教学更具直观性、实践性、参与性、综合性。同时，教师能够以先进的教育理念开展教学活动，可通过具体的操作开展实训，学生能够在真实的环境中进行学习，提高职业技能。

依托实训基地的现代化生产设备，进行对外生产服务。学生在实训基地能够体验真实的生产环境，在就职前完成相关岗位专业技能操作训练，实现教学过程与职业岗位无缝对接，毕业即就业，符合相关企业对专业人才的要求。

向学生开放实训基地的先进仪器和设备，组织、引导学生通过参加社团活动实现专业技能的提升，对有创新创业想法的学生予以重点指导，助力其以创新活动为契机走上创业发展之路，以创业代替就业，孵化创新创业团队。

与本地区企业联合开展技术、科研合作，从人才培训以及技术支持两方面为其提供支持和服务；开展学校与社区、学校与学校之间的技术培训与服务。

建立与本专业相关的职业技能培训和鉴定机构，开展 3D 打印造型师、数控车床中级工考证、数控铣床中级工考证、数控维修中级工考证、CAD 工程师等技能培训活动。

以协同创新中心成员单位为核心，根据专业人才培养需要，本着“优势互补、资源共享”的原则，在校外搭建实训基地，引入校外资源对教学资源进行补充，同时为企业储备相关人才资源，助力其产业增值。实现协同创新中心成员间的共赢。

（五）打造具有大国工匠精神“双师素养”的教学团队

以“1+X”课证融通的模块化课程体系为基础，采用教学团队分工协作的教学模式，致力于教师队伍师风师德以及教学能力的提升，打造一支符合职业教育教学和培训实际需要的教学水平高、富有开拓创新精神、师德高尚、素质优良并且具有国际视野的高水平结构化教学团队。实现培养领军人才 1 名；引进高层次人才 2 名；建成技能大师工作室 1 个；聘任产业导师 10 名，建成兼职教师资库 1 个；获得区级教学名师 1 名；“双师型”教师达到 70%；区级技术能手 1 人，80% 以上的教师具有高级职称。

（六）建设数字化专业教学资源库并实施混合式教学

将数字化的教学资源融入课程设置，实现跨课程、跨专业的资源互通互享，有意识地对软资产实现逐步积累。对网络运行平台进行开放式管理，重构教学资源库。将数字化学习资源逐步规范化、标准化、方法化、技术化以及工具化。建立统一的 ID 认证学习系统，满足教职工继续教育、专业教学以及学生学习的需求。

（1）基于单体用户的细粒度文件资源统一存储体系可以为学生和教师提供安全的可共享的且可控权限的存储服务。服务依托 Seafile 开源版软件实现，如图 5-5 所示。

图 5-5　存储服务

（2）基于课程及实体班级模型的在线考试系统可为学生的日常练习、

自我测试、教师布置作业、在线练习、在线考试等业务提供支撑。服务依托 oExam 软件平台实现，如图 5-6 所示。

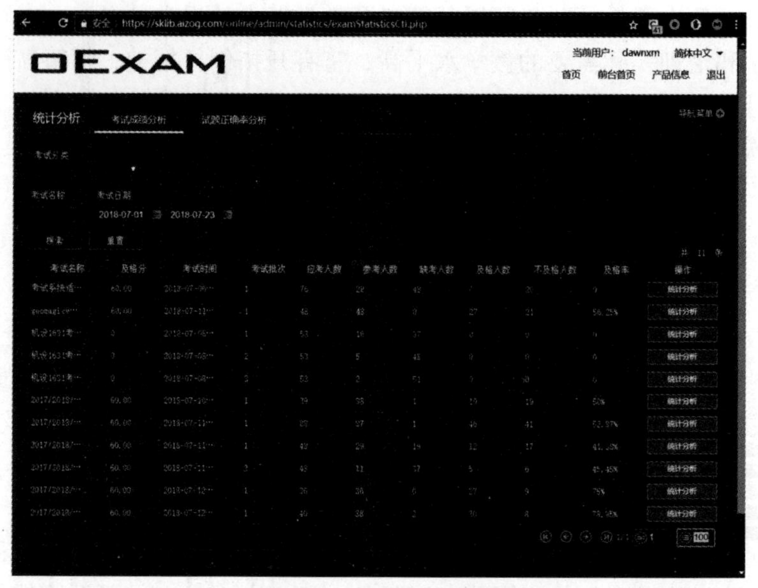

图 5-6　在线考试系统

（3）开放式网络课堂可为任意被许可人员提供完善的在线课堂体验，将慕课、微课等优势融为一体，为使用者提供一站式服务。服务依托 EduSoho 开源版实现，如图 5-7 所示。

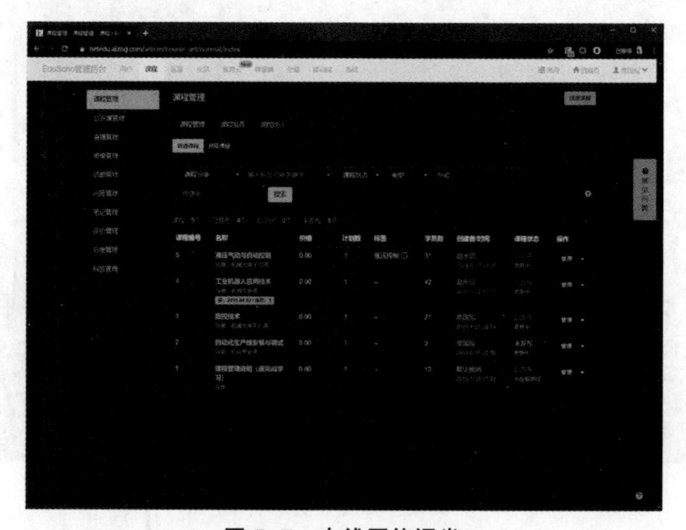

图 5-7　在线网络课堂

（4）文档在线阅读或编辑处理如图 5-8 所示，使用微软的 World Online 实现。

图 5-8　文档在线处理

（5）统一 ID 认证体系，可通过腾讯 OpenID 认证平台实现。

（七）机械制造与自动化专业“三教”改革实践

1. 强化教师队伍建设

采用交流会、座谈会等形式丰富的教研活动，让教师就目前在教学中存在的不足进行弥补，提出教学新思路以及新模式，结合高职学生的学情、心理需求或者兴趣爱好等各方面的因素，为学生打造出具有针对性的教学课堂，既提高了学习效率，又深化了教学成果。

2. 校企合作打造新型人才培养模式

与广西玉柴机器集团有限公司联合成立了智能制造产业学院，实现校内外教学资源的有机结合，在人才培养方案制定、1+X 证书制度、现代学徒制、共同开发课程、员工技术培训、共同攻关项目、师资互聘上课等方面加强合作，校企协同推进项目合作，凸显办学优势和亮点，助力相关专业群的构建，提升职业教育内涵质量以及服务产业转型发展的能力。

3. 推进教法改革，实现传统教学模式的现代化转变

一是大力推进“信息技术 + 教学”，提倡教师高效教学，引导学生自主学习，建立智慧型学习空间，完成对教学环境的优化升级。转变以往灌输式的陈旧教学模式，以讨论、探究、启发等形式提高学生在学习过程中的互动性、参与度。

二是优化教学过程，重构教育教学样态。以课程目标为基准，将经典的工作任务、项目案例等融入教学内容，采用理论与实践相结合的教学形式，实现模块化、项目化、案例化以及线上线下混合式教学。

四、机械制造与自动化专业人才培养模式实践成效

机械制造与自动化专业人才培养模式实践成效显著，具体如表 5-2 所示。

表 5-2　机械制造与自动化专业建设数据

专业代码	580102	专业名称	机械制造与自动化
所在院（系）	智能制造工程学院	所属专业大类	装备制造
全日制高职在校生数（人）	315	其中：一年级在校生数（人）	125
其中：二年级在校生数（人）	96	其中：三年级在校生数（人）	94
2018 级招生计划数（人）	120	2018 级实际录取数（人）	134
2018 级新生报到数（人）	122	2018 级新生报到比例（%）	91.04
2018 级本省生源学生报到数（人）	122	2018 级本省生源学生报到比例（%）	91.04
2018 届毕业生数（人）	125	2018 届毕业生初次就业率（%）	99.2
2013 届毕业生本省市就业比例（%）	56.8	2018 届毕业生对口就业率（%）	84.68

续　表

专业代码	580102	专业名称	机械制造与自动化
2017 届毕业生年底就业率（%）	100	2017 届毕业生用人单位满意或基本满意比例（%）	97.60
校内专任教师数（人）	26	专任教师双师素质比例（%）	90
2017—2018 学年兼职教师总数（人）	30	2017—2018 学年兼职教师授课课时数占专业课时总数的比例（%）	50
校内实训基地数（个）	9	校内实训基地生均设备值（万元）	4.56
2017—2018 学年校内实训基地使用频率（人时）	106 040	校外实习实训基地数（个）	42
2017—2018 学年校外实习实训基地接受半年顶岗实习学生数（人）	176	校外实习实训基地接收 2018 届毕业生就业数（人）	108
本专业合作企业总数（个）	45	本专业合作企业订单培养总数（人）	66
本专业合作企业共同开发课程总数（门）	5	本专业合作企业支持学校兼职教师总数（人）	18
合作企业接受本专业顶岗实习学生总数（人）	88	合作企业接受本专业 2018 届毕业生就业总数（人）	96
合作企业对本专业准捐赠设备总值（万元）	3	合作企业对本专业捐赠设备总值（万元）	3
本专业为企业培训员工总数（人）	570		

五、机械制造与自动化专业人才培养模式实践特色与亮点

（一）“多元”育人，创新“三轴驱动、三技合一”人才培养模式

以学生为中心，实施“三轴驱动、三技合一”的人才培养模式改革；政、校、企“三轴”联动，深度融合进行“多元”育人，实现培养具备 “数字化设计、

数字化制造、数字化自动控制”三大核心技能合一的高素质技能型人才。

（二）对接技能大赛与企业标准，校企双元开发课程及资源

以行业领先企业标准以及“全国智能制造应用技术技能大赛”赛规为指导思想，以精品在线开放课程为依托，全面引入行业标准和新工艺、新技术，校企共建共享优质教学资源，建设项目化课程资源库，将在线开放课程以及优质核心课程作为重点对象，完成生产实践与教育教学的无缝衔接，筛选优质的教育资源进行整合重构，实现教学质量的提升。

（三）教师、教材、教法“三教”融合，推进课堂革命

深化教学改革，依照“1+X”要求，推进校企“双元”合作，配套信息化资源，共同完成活页式以及工作手册式教材的研发。倡导教师参加教学能力大赛，探索线上线下混合式教学模式。

（四）产教融合，打造一批技师、名师、大师组成的“教练型”教学创新团队

以智能制造人才培养要求以及专业群建设目标为指导，依托校内外培养基地，通过开展培训、换岗轮训、顶岗实训等方式，培养一支教学能力强、行业影响力大的“双师型”教学创新团队。“双师型”认证比例超过 90%。

（五）构建可持续发展保障机制，支撑高水平专业群建设

校企合作成立专业建设指导委员会，建立专业与行业企业对接机制、专业与市场联动机制，推进产教融合、校企双元育人。

进行教学诊断与改进工作。在专业层面，通过企业调研、标杆分析、专业就业质量监测等诊断工作，适时调整专业定位、优化课程设置，提高人才培养质量。

第二节　金光电气自动化现代学徒制人才培养模式实践探索

一、研究背景

1986 年，广西工业职业技术学院开设了电气自动化技术专业。2019 年，此专业获评创新行动计划国家骨干专业，同年获评广西高水平专业群建设专业，2012 年获中央财政支持的重点建设专业，2019 年成为广西首批现代学徒制试点学校的试点专业。

（一）金光集团"圆梦计划"

2018 年 3 月，广西工业职业技术学院与金光集团 APP（中国）推出了"圆梦计划"助学项目，如图 5-9 所示。

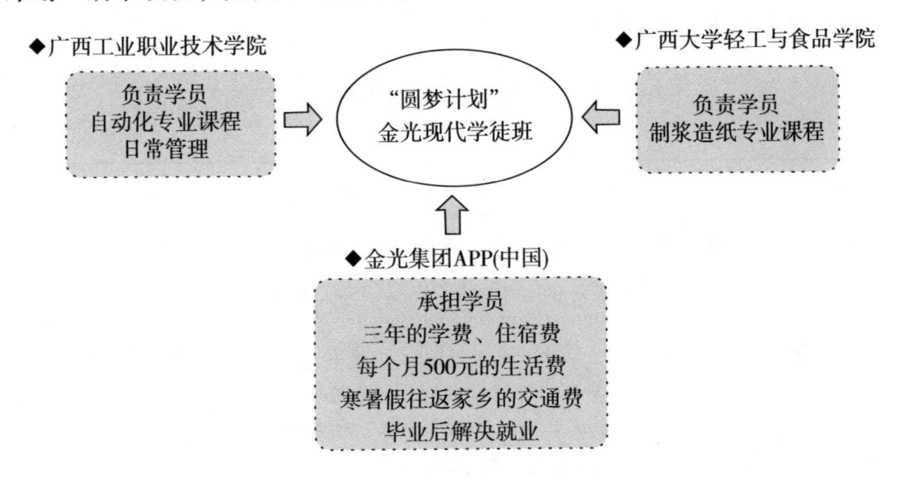

图 5-9　金光现代学徒制三方合作模式

公司承担学生三年在校学习的费用，包括学费、书费以及住宿费等，此外每个月学生还将得到公司提供的 500 元生活补贴；在企业认岗、识岗、跟岗、顶岗的实习期间，学生还将收到公司提供的每月 1500 元的生活补贴，在顶岗期间每月发放的生活补贴数额与公司准员工相同（4000 ～ 5000 元）；报销学生寒假和暑假往返家乡的交通费。学生毕业后的工资、福利待遇高于或持平金光集团 APP（中国）项目区当地本科毕业生标准，公司还对岗位技能突出的毕业生提供继续在岗本科教育的机会。

（二）现代学徒制试点

广西工业职业技术学院是广西第一批现代学徒试点学校，此外学校电气自动化专业是广西现代学徒试点专业之一。

校企双方经协商研究，明确现代学徒制为"圆梦计划"的人才培养模式，校企协作，"双元"共育，实行招生招工、上课上岗、毕业就业等层面的一体化运行机制；学生的选拔、录用由广西工业职业技术学院以及金光集团 APP（中国）共同面试决定。学生入学后归学校综合管理，而培养课程的讲授由校企双方共同承担。课程体系中的专业基础以及公共管理部分由学校负责承担，而实训相关内容由校企双方协作承担。三年在校学习期间，学校要定期组织学生进入企业进行相关的认岗、识岗、跟岗以及顶岗实践，整个实践过程由金光集团APP（中国）选拔技术人员跟进指导。

二、研究内容

研究内容如表 5–3 所示。

表 5–3　研究内容

项目	研究内容
完善校企协同育人机制	包括签订现代学徒制合作协议，完善联合招生、分段育人、多方参与评价的育人机制
校企推进招生招工一体化	完善校企用工一体化的招生招工制度与方案。明确学徒的学校学生和企业员工双重身份，签订学徒、学校和企业三方协议，确定各方权益及学徒在岗培养的具体岗位、教学内容、权益保障等
校企完善人才培养方案和各种标准	校企共同设计试点专业人才培养方案，共同制定专业教学标准、课程标准、岗位技术标准、师傅标准、质量监控标准及相应实施方案；校企共同建设基于工作内容与典型工作过程的专业课程体系
校企联合开发特色教学资源	把企业现场管理知识、安全操作知识、企业标准、能力素养、企业文化、企业精神融入课程建设之中，依据企业岗位典型工作任务和工作流程，开发课程标准及教学内容，开发教材，创建案例资源库及课程资源网站
强化校企互聘共用的师资队伍建设	完善双导师制，建立健全双导师选拔、培养、考核、激励制度，形成校企互聘共用的管理机制；明确导师的职责和待遇；校企共同制定双向挂职锻炼、联合技术研发、专业建设的激励制度
完善体现现代学徒制特点的管理制度	建立健全与现代学徒制相适应的教学管理制度、创新考核评价与督查制度、学徒考核评价标准，建立多方参与的考核评价机制

三、金光电气自动化现代学徒制人才培养模式实践过程

（一）校企双主体育人机制建设

加强学校、企业之间的合作，以培养技能人才为宗旨，设置课堂教师、企

业师傅“双元”育人机制是现代学徒制育人模式的主要特征。工学交替、训教交互、双元育人、双重身份、在岗成才，现代学徒制的这一系列措施提升了校企协作的黏合度，提高了人才培养质量。现代学徒制直接体现了企业对劳动用工的数量和素质要求，呈现出显著的“需求引导”特征。现代学徒制的核心是构建校企双主体协同育人机制，而落地双主体协同育人的关键是以协议为纽带，明确学生的双重身份（既是在校学生，又是企业学员）。金光现代学徒班机制如图 5-10 所示。

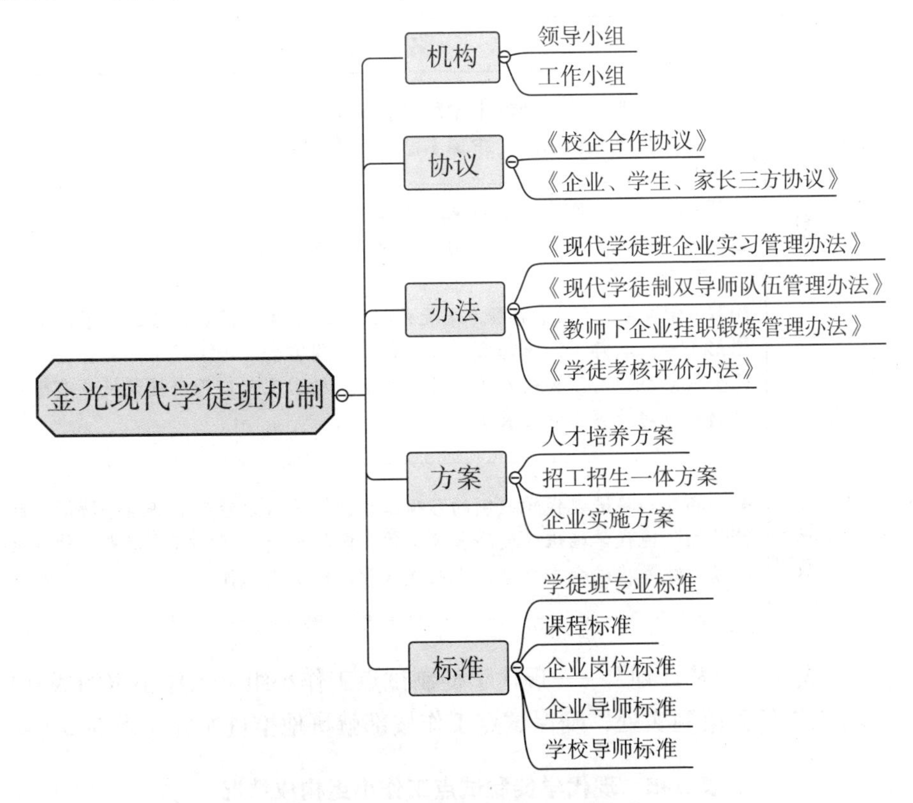

图 5-10　金光现代学徒班机制框图

为确保人才培养质量，遵循校企共育、责任共担、成果共享以及过程共管的运行原则，校企双方建立并完善了全方位、多层次的双主体育人机制，以实现现代学徒制试点工作的有序推进。金光集团 APP（中国）与广西工业职业技术学院签订了《专业现代学徒制试点项目人才培养协议》《校企合作协议》，成立了现代学徒制试点工作领导小组和工作小组，双方共同制定了现代学徒制定期会商制度及《现代学徒制试点工作实施管理暂行办法》等。

1. 成立现代学徒制试点机构

为了更好地实施“圆梦计划”，校企双方协商成立了如下组织机构。

（1）成立现代学徒制试点工作领导小组。校企共同组建“圆梦计划”——现代学徒制试点工作领导小组，对试点工作进行统筹指导，定期会商，统筹推进金光自动化专业现代学徒制试点工作（表 5–4）。

表 5–4　现代学徒制试点工作领导小组构成情况

人员	名单 / 职责
组长	韩志刚：广西工业职业技术学院院长 江俊德：金光集团 APP（中国）总部人力资源运营总经理
副组长	王娟：广西工业职业技术学院副院长 苗文峰：金光集团 APP（中国）培训与发展总经理
成员	陶权（学院系主任），杨铨（学院系副主任），庞广富（学院专业负责人），谢彤（专业教师），王彩霞（班主任），周雪会（班主任）。龚昌芬（广西金桂浆纸业有限公司人力资源处长），杨雪飞（广西金桂浆纸业有限公司总经办对外关系室处长）
	全面指导和推进现代学徒制的各项工作，校企双方领导全面指导协调“圆梦计划”现代学徒班开展的各项工作，定期会商和解决有关试点工作重大问题，统筹推进金光自动化专业现代学徒制试点工作

（2）成立“圆梦计划”——现代学徒制试点工作小组。工作小组的成立目的在于将工作任务落到实处，确保试点工作按部就班地推进实施（表 5–5）。

表 5–5　现代学徒制试点工作小组构成情况

人员	名单 / 职责
组长	陶权：广西工业职业技术学院电子与电气工程系主任 苗文峰：金光集团 APP（中国）培训与发展总经理
副组长	王娟：广西工业职业技术学院副院长 苗文峰：金光集团 APP（中国）培训与发展总经理

续　表

人员	名单 / 职责
成员	杨铨：广西工业职业技术学院电子与电气工程系副主任 庞广富：广西工业职业技术学院电子与电气工程系团队负责人 谢彤：专业教师 王彩霞：班主任 周雪会：班主任 龚昌芬：广西金桂浆纸业有限公司人力资源处长 杨雪飞：广西金桂浆纸业有限公司总经办对外关系室处长
	主要负责学徒班试点工作的研究、组织、实施、推广，制定各种制度、管理办法、各种标准等，负责校企联合招生（招工）方案，负责组织该专业的人才培养方案的确定、专业课程的建设、教学方式的创新、学生学业的评价，组织制定并实施与现代学徒制配套的教学管理规章制度

2. 签订现代学徒制校企合作协议

金光集团 APP（中国）与广西工业职业技术学院在明确合作原则、合作内容、培养模式、教学组织、双方的责任和义务、组织保障等事宜基础上，就现代学徒制人才培养签订了《校企合作协议书》，从职责、权利等方面对校企双方进行了明确。图 5-11 为校企领导签约，图 5-12 为签约后双方人员合影。

图 5-11　校企领导签约

图 5-12 签约后双方人员合影

（1）建立了校企协商共议的联席机制，如图 5-13 所示。

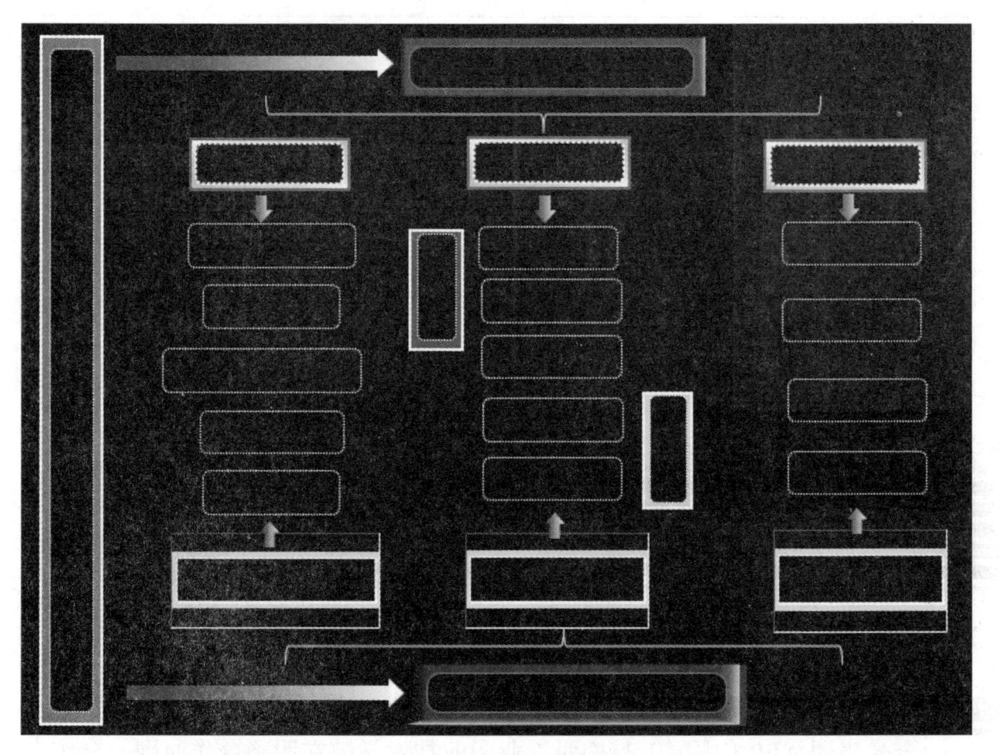

图 5-13 校企联席会议制度

①春季学期初。联席会主要讨论本学年的金光学徒班的工作计划，制定校企招工招生一体化方案，由校企双方各自派出相关专员一同组成招生小组，进入乡填中学组织招生宣讲，安排报读金光学徒班的学生到广西金桂浆纸业有限公司实地参观了解企业概况，签订企业、学生、学生家长三方协议；校企讨论组织安排学生到企业进行认岗、跟岗、顶岗实践教学计划。

②春季学期中。将企业人员、学校教师以及学徒班学生三方召集到一起，以座谈会的形式详细了解学生的学习以及生活情况，成立学习互助小组帮助学习成绩落后的学生，校企人员共同深入班级，同听一节课，到学生宿舍检查学生内务。

③春季学期末。校企联席会议讨论举办学生毕业典礼安排，同时校企与学生举行期末座谈会，了解学生本学期学习、生活、工作情况，并且对暑期学生进入企业认岗实践活动做出合理规划和布置。

④秋季学期初。联席会主要讨论在新生入学期间补录学生方案和新生入学

教育安排，制定新的金光学徒开学典礼流程，包括邀请地方政府人员、企业人员、学校参观人员，领导发言，学生发言，拜师仪式等。

⑤秋季学期中。联席会讨论每年在南宁青秀山举办的“文化引路，圆梦金光”拓展活动计划。

⑥秋季学期末。学校与企业领导到各个企业共同走访学生在企业顶岗实践情况。

通过这一系列的联席会议，形成了切实可行的校企协商共议的联席机制，形成了校企双元育人金光机制，切实做到了企业在人才培养整个过程中的时时参与。具体包括以下几个方面：其一，校企共同修订人才培养方案，制订教学计划、教学大纲以及实训环节，构建课程体系，制定校企合作交流机制；其二，校企共同制定考核标准，基本建立了企业、学校、学生以及师傅等的评价标准，制定了校企合作考核机制；其三，校企共同指派教师和企业师傅参与相应教学环节，形成校企合作互聘机制。图 5-14、图 5-15 是校企联席会议，图 5-16 是人才培养方案研讨，图 5-17 是课程设置研讨。

图 5-14　校企联席会议

图 5-15 校企联席会议人员合影

图 5-16　研讨现代学徒班人培方案

图 5- 17 校企讨论课程设置

（2）建设教学运行与管理机制。以制度建设为依托，以现代学徒制特点为抓手，全面加强过程管理工作。制定现代学徒制企业实习以及学徒考核评价等方面的管理办法，制定各种标准，如企业教师标准、岗位职责标准、学徒考核标准等。

建立健全现代学徒制相关规章条例，如落实弹性学制、兼职教师聘用、学分认定、技能评定、招生招工、实习教学以及师徒结对等各方面管理办法。制定学员管理办法，依照教学安排对其进行合理的任务分配以及岗位划分，向学员发放与工作成果对等的薪资报酬，充分保障其权益。建立多方参与的考核评价机制，改革督查与考核评价制度，采取定时审查、反馈等机制对教学质量进行评估、监控。按照规定为学员购买相应保险并确保其人身安全。

（3）建立成本分担机制。作为双主体的现代学徒制试点，科学合理的人才培养成本分担机制是校企双主体育人实现可持续发展的基础，也是实现人才高质量培养的保障。现代学徒制试点具有校企联合招生、学生“双重身份”以及“双师”授课、招生招工一体化等特点，就办学成本来说，现代学徒制试点与传统模式下的学校相比，增加了设备使用、学习耗材、企业导师薪资、学员保险与薪资等成本。

依照成本分担理论，谁受益，谁承担；受益少，承担少；受益多，承担多。因此，就现代学徒制人才培养模式来说，金光集团 APP（中国）是最大受益方，积极与学校联合探索人才培养成本分担机制，制定了《校企合作办学经费管理使用办法》，为实现校企联合开展现代学徒制的可持续长效发展打下了坚实的基础。

依照三方协议以及《校企合作办学经费管理使用办法》的规定，明确了以下内容：

①学生三年在校期间，金光集团 APP（中国）承担其学费、书费、住宿费等全部学习费用，并且每个月为其提供生活补贴费用 500 元。学生在企业认岗、跟岗以及顶岗实习期间的每月生活补贴提高到 1500 元。同时，寒暑假期间，企业还为学生报销往返家乡的交通费。

②学生毕业后所获得的薪资及相应福利待遇高于或与金光集团 APP（中国）项目区当地本科毕业生水准持平。同时，企业对工作表现优异的毕业生还会给予继续在岗本科教育的机会。

③广西工业职业技术学院负责学生（学徒）的电气自动化专业的课程和日常管理，上课课酬和管理费用由学院承担。

广西大学轻工与食品学院负责学生（学徒）的制浆造纸专业课程，上课课酬由学院承担。

④教学资源建设、校内实训设备及耗材、企业教师来学校授课餐补以及学校教师到企业挂职锻炼补贴等费用则由学校承担。

（二）校企推进招工招生一体化

1.校企共同制定和实施招工招生方案

为了推进“招生即招工、入校即入厂、校企联合培养”的现代学徒制试点工作，深化产教融合，促进校企合作，推动职业教育内涵发展，提高职业教育人才培养质量，广西工业职业技术学院根据《国务院关于加快发展现代职业教育的决定》和《教育部关于开展现代学徒制试点工作的意见》的文件精神，结合金光集团 APP（中国）“圆梦计划”对制浆制纸人才需求和选拔条件，校企双方共同制定了“圆梦计划”——金光电气自动化现代学徒班招生招工一体化实施方案，包括指导思想、工作目标、校企人员安排、招工招生方式、工作进度安排、面试要求、选拔和录取办法等。生源的筛选、招录工作以学校为主、企业为辅。学校承担师资力量、办学条件、专业优势等教育教学相关内容的宣传；企业承担岗位介绍、学徒制介绍以及企业工作环境及福利条件等职业岗位相关内容的介绍。

每年 3—6 月的招生季，校企联合钦州市教育局组成政校企招工招生队伍，深入金光企业所在地区内的钦州市和区外的海南省、云南省各乡镇中学宣传金光“圆梦计划”扶贫助学项目，同时到广西各地农村中学进行广泛宣传，且对圆梦计划宣传效果进行跟踪，收集报名学生信息。2018 年 5—6 月，为了第一届学徒班顺利组班，金光集团 APP（中国）培训与发展经理苗文峰亲自挂帅，在地方政府和教育局的协助下，带领企业人员与学校教师一起到钦州市三中、四中、灵山二中等 10 多个学校和贵港二校区中职部对“圆梦计划”项目进行校园招生宣传，如图 5-18 所。示校企双方共同参与招生与招工笔试、面试过程，确定录取对象，并确认学徒身份和学籍，形成了招生即招工的机制，完成了招收 30 名高职生组成金光自动化学徒班的任务。

图 5-18　校企人员到广西各农村中学进行招工（生）宣传

2. 签订金光现代学徒班三方协议

校企签订《校企合作协议书》，企业、家长以及学生三方要就《现代学徒制三方培训合同》达成一致，对学员既是在校学生又是企业职工的双重身份予以明晰，将学员在企业承担工作任务时的权益以及各方权益都做到细化、明确；约束学生毕业时的用工合同，学徒在岗培养的具体岗位、培训内容，企业如何支付培训费用以及双方义务及责任等。图 5-19 是招生及培养流程。

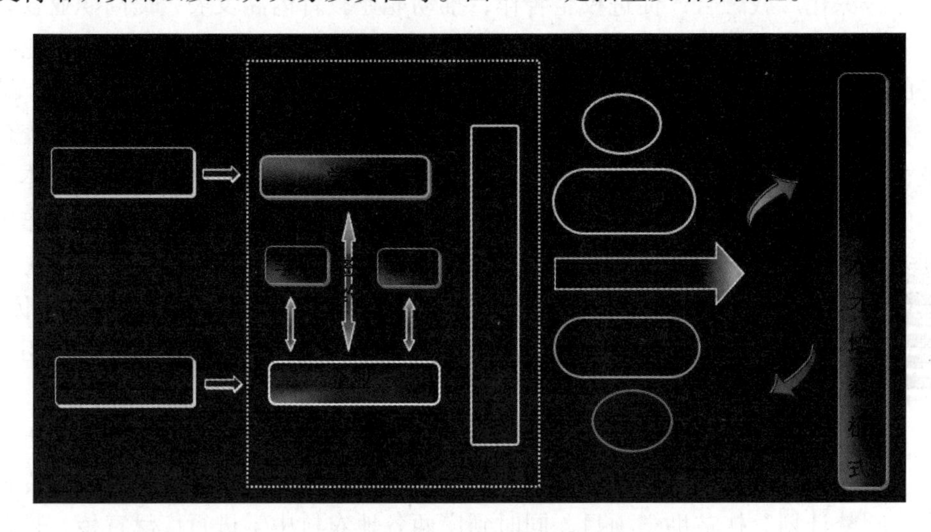

图 5-19 招生及培养流程

3. 成立金光电气自动化现代学徒班

图 5-20、图 5-21 分别是 2018 级和 2019 级金光现代学徒班开班典礼。每年的金光学徒班都举行隆重的成立现代学徒班的开班典礼，旨在提升学生加入金光现代学徒班的荣誉感。典礼上，金光集团 APP（中国）总部人力资源运营总经理、广西金桂浆纸业有限公司领导、广西工业职业技术学院领导、广西大学轻工与食品工程学院领导、钦州市地方政府领导、教育局领导等出席了会议；开班会上学院领导给广西金桂浆纸业有限公司的师傅颁发指导教师证书，新生还按照传统拜师礼仪进行师徒结对，徒弟向企业师傅行拜师礼、敬拜师茶，师傅给徒弟佩戴徽章，师徒共同宣誓，携手共勉，完成了庄重的拜师仪式。包括广西日报、农民日报社广西记者站、广西电视台以及南国早报等在内的众多媒体对此进行了报道，这也是对现代学徒制的有力宣传，扩大了“圆梦计划”的社会影响力。

图 5-20　2018 级金光现代学徒班开班典礼

图 5-21　2019 级金光现代学徒班开班典礼

4. 落实学徒津贴发放标准

在校学习以及入企工作期间，采取“工学交替、校企对接”的模式对学员进行培养，教学机制实行入企岗位实践、企业课程和在校学习交替进行的方式。落实学徒权益，金光集团 APP（中国）承担学生的学费 6500 元 / 年，住宿费 1000 元 / 年，书费约 500 元 / 年，给学徒购买工伤保险及社会保险，免费发放公司的夏季、冬季工作服各一套，同时公司承担学生寒假和暑假往返家乡的交通费。

（三）实施“双元四岗八共 金光圆梦助学”广西特色现代学徒制模式

1. 校企共商专业设置

构建校企双主体协同育人机制，形成校企联席会议制度，每学年召开 1 ～ 2

次会议，对金光现代学徒班的人才培养方案进行优化升级，根据制浆造纸产业发展，按照专业设置与产业需求对接，设置具有金光特色的“工艺 + 自动化”和“工艺 + 机电”专业，培养符合金光集团 APP（中国）所需的复合型人才。

2.校企共同招工招生

校企联合制定招工招生方案，由企业人员负责到各县市高中和职业学校进行“圆梦计划”项目校园宣传，收集有意向报名的学生信息后，企业联合学校对符合条件的报名学生进行笔试和面试，成绩合格的学生与企业签订自愿协议书，并在填报高考志愿时填报广西工业职业技术学院电气自动化技术专业。

3.校企共议人培方案

校企共同成立专业建设指导委员会，委员会根据高职院校专业人才培养目标的要求来完成现代学徒制试点人才培养方案的制定，并分解为学校专业教学标准和企业实施方案。

4.校企共同开发教学资源

以制浆造纸企业典型的工作任务以及工程项目为落脚点，树立宏观的大工程体系视野，打破专业与专业、课程与课程的传统界限，对课程体系进行改革，打造出“专业基本能力模块 + 职业基本素质模块 + 岗位工程能力模块 + 专业核心能力模块 + 拓展能力模块”的模块化课程体系，提高人才培养方案的实践性和针对性。

校企开发了基于制浆造纸生产岗位工程项目融入思政元素以及工匠精神的 10 个教学案例，并在其中添加新规范、新工艺、新技术，满足学徒在岗培养教学要求。结合教学案例，校企双元合作开发编写活页式教材。

5.校企共搭管理平台

校企共同搭建“双元育人、校企交替、四岗递进、生徒转换”的教学管理以及人才培养平台，共同制定工学一体的人才培养方案。“现代学徒制”班级的学生由校企双方共同培养和管理，既是在校学生又是企业学员，享受企业准员工待遇。

6.校企共建双导师队伍

学校筛选出理论知识扎实、教学水平高超的专业教师与企业选拔出的技术能力过硬、工作经验丰富的技术员共同组成“双师”团队。“双师”团队共同承担教学工作以及企业岗位工作，并对相关教学过程、教学质量进行监督和把控。

学校导师负责理论和专业课程的教授，同时组织学生完成实训项目的在校练习。企业导师负责学生的岗位实训教学，同时定期入校向学生传递最新最近的产业行业信息、技术，分享经典的生产案例。双导师育人为学生的成长提供了帮助，学生很快适应学生和员工的双重身份，对自身职业生涯的发展有更好的规划。

7. 校企共融企业文化

通过“四岗位、三阶段、四引入”，在人才培养的全过程融入金光企业文化，打造金光现代班独有的“专业品质”。

（1）把金光企业文化渗透到学生日常学习生活中。

（2）工学一体，让学生在“四岗”实践过程中理解企业文化内涵。

（3）举行拜师仪式，进行职业宣誓，让师徒文化融入人才培养全过程，突出职业精神培养。

（4）开展文化引路拓展活动，提升学徒对金光集团 APP（中国）的认同感和忠诚度。

8. 校企共评学生能力

建立校企共评机制和指标。学校导师主要承担学生在校学习期间的方法能力的评价任务，企业导师主要承担学生入企期间的专业能力以及社会能力的评价任务，而学生的个人能力则由学生进行自我评价。

在实施现代学徒制人才培养方案的过程中，金光集团 APP（中国）以及广西工业职业技术学院作为双元主体，双元育人，双元扶贫扶智，学生三年培养过程针对制浆造纸岗位开展认岗、跟岗、融岗、顶岗四个学徒阶段，校企深度融合，共议人培方案、共创工学一体、共同招工招生、共商设置专业、共建教学资源、共组师资队伍、共评学生能力、共融企业文化，经过 6 年的实践，形成了一批具有金光纸业特色的现代学徒制的标准和管理制度，创新了具有助学扶贫特征、制浆造纸风格的“双元四岗八共 金光圆梦助学 ”广西特色现代学徒制模式。

四、金光现代学徒班人才培养模式实践成效

（一）构建了企业参与人才培养全过程机制

现代学徒制的核心是构建校企双主体协同育人机制，为了解决现代学徒制人才培养方案实施中企业与学校深度融合参与育人主体的问题，构建了企业参与人才培养全过程机制，具体包括专业设置、人才培养方案制定、招工招生方案制定、招工招生宣传活动、在企业的实践教学安排、教学组织、教材选用和编写、双导师团队建设、课程改革、企业岗位实践培养、顶岗实践学生安排、就业安排、学生思想动态等。

（二）企业、学生、专业、学校多方受益

金光集团 APP（中国）全面实施“智力扶贫、技术扶贫”的圆梦计划，助力脱贫攻坚，携手回馈社会。企业始终秉持“助力扶贫、感恩、担当、共赢”的企业文化，在寻求发展的同时不忘初心使命，积极回馈社会；以“源于社会、回馈社会”为宗旨，积极响应党中央、国务院、自治区关于稳岗就业及精准扶贫的号召，以捐资助学、就业帮扶为抓手，充分利用优质资源，与广西工业职业技术学院深度合作共建“金光”试点班，每年拿出近 80 万元资助 30 名贫困学子，并为学子提供实习、就业岗位，校企双方携手努力，以招收贫困学生为主，解决贫困学生读书就业问题，助力脱贫攻坚，2020 年已经扩大学徒班的招生规模，达每届 80 人，切实做到培养一个学生、致富一个家庭。

在实施现代学徒制校企合作过程中，实现了“企业、学生、专业、学校”多方受益（表 5–6）。

表 5–6　多方受益表

受益者	受益内容
企业	金光现代学徒班满足了合作企业人才需求，为企业乃至行业转型升级提供了人才支撑。校企合作符合企业对各类人才的内在需求，有利于企业实施人才战略，企业可获得利益和实惠，提高企业参与教育培养人才的积极性。学校让合作企业在招工招生中优先挑选、录用表现出色的学生，使企业降低了招工用人方面的成本和风险，企业将人才培养工作委托学校进行，使企业人力资源开发和学校教学环节紧密结合，降低了企业的人力资源开发成本。同时，通过校企合作，将企业文化与观念传递给教师和学生，扩大了企业品牌及其他无形资产的影响，造就了企业的潜在合作伙伴和客户群
学生	现代学徒班的校企合作打通人才培养和就业的“最后一公里”，学生毕业后即可安排到企业就业，学生满意，家长放心。现代学徒班校企合作符合学生职业生涯发展需要。首先，使学生获得实际的工作体验，帮助他们顺利就业。其次，能够有效提高学生的职业能力，在顶岗实习期间，学生参与工作实践，有利于培养爱岗敬业、吃苦耐劳精神，增强对岗位、职业的认同感，较早接受企业文化的熏陶，同时把理论知识和技能融为一体，学生的动手能力、综合分析能力、独立完成工作的能力和应变能力等得到了很好的培养和锻炼。最后，能及时帮助学生掌握就业信息，实现学生就业与企业用工的顺利对接，使他们在实际生产和服务过程中熟悉企业对人才素质的要求，直接或间接获得有用的就业信息

续　表

受益者	受益内容
专业	现代学徒班提高了专业人才培养质量，解决了高职教育专业发展产教融合校企合作的瓶颈问题。以金光自动化现代学徒班为案例申报的电气自动化技术专业被认定为国家骨干专业，同时电气自动化技术专业也是广西高水平建设专业
学校	金光现代学徒班校企合作符合职业教育发展的内在规律，学校能更好地了解社会对人才的需求情况,从而不断改进教学方法,使教育与社会实践贴近,使培养的人才适应社会需求。市场对人才的需求是专业教学改革和建设的依据。必须不断了解市场对岗位职业在素质、能力等方面的要求，并以此为基础进行有针对性的专业配套设置与课程、教材的调整，建立以职业能力为中心的教学体系。企业对职业需求是最了解的，学校只有与企业结合，才能真正了解社会对人才的需求，从而确定教学改革的内容和重点。学校在校企合作中应以市场需求为导向，按企业生产的自身规律来研究学校的专业设置和教学模块，使教学与实践更贴近。同时，校企合作有利于解决学校实习实训场所不足的难题，提高整体办学实力

校企合作是学校紧跟产业发展潮流、了解行业企业用人需求的重要途径，在实践中把握市场需求，改革升级人才培养模式，提升毕业生就业率，有利于学校可持续发展。金光现代学徒班的成功经验和办学成果为职业教育现代学徒制人才培养模式的推行树立了良好的范本。

总之，金光现代学徒班的实施解决了贫困学生就业问题，为企业用工提供了坚强的后盾，扩大了学院和专业影响力，实现了企业、学生、专业、学校多方受益。

（三）形成了“双元四岗八共 金光圆梦助学”广西特色现代学徒制模式

经过 4 年的实践，创新了一个具有少数民族地区扶贫特色的“双元四岗八共 金光圆梦助学”广西特色现代学徒制模式。

金光现代学徒制合作项目自开展以来成效显著，招生范围包括广西、云南、海南三个省份，专业从开始的电气自动化一个专业发展到电气自动化技术和机电一体化技术两个专业，培养规模从每年一个班发展到两个班，每一届学生入学都举行隆重的入学拜师仪式，每次均邀请多家省级以上的媒体前来报道，已经逐步形成了一定的品牌效应。2018 级现代学徒班学生已经分配到金光集团旗下五家大型浆纸企业顶岗实习，企业对学生评价很高。“圆梦计划”以贫困学子读书之梦为初衷，校企深度合作育现代学徒人才为使命，形成了金光特色的“双元、四岗、八共”现代学徒制人才培养模式，学校也以金光学徒班作为典型案例上报教育部，竞争国家现代学徒制典型案例，在全国范围内开启了学徒制人才培养和扶贫结合之先例。

（四）人才培养成效显著，得到企业高度认可

金光学徒班毕业生职业态度端正、职业技能突出，实现了高质量就业。第一届金光学徒班 30 名同学全部到金光集团旗下企业就业，就业率 100%，专业对口率 95% 以上，实现了毕业与就业的良好对接，实习期最高薪资 6000 元 / 月，平均薪资 5200 元 / 月，实现了高薪就业，学院被评为广西普通高校毕业生就业先进集体。

出口畅确保了进口旺。成果覆盖的专业第一志愿录取率 100%， 2018 年和 2019 年招收一个班，2020 年和 2021 年扩大学徒班的招生规模，达到每届 80 人。

金光班学生得到企业高度认可，企业评价很高，企业普遍反映金光班学生“下得去、用得上、留得住”；在人才培养研讨联席会上，金光集团给予积极反馈: 这种培养形式太好了，培养出来的是走在企业技术前沿、真正用得上的人，金光班毕业生供不应求，各个企业要求多分几个金光班的学生。

（五）智能制造专业群取得了高质量发展

金光现代学徒制的理论研究与实践探索推动了智能制造专业群中的专业的建设。其中，电气自动化技术、工业机器人技术专业被评为国家骨干专业，电气自动化技术、工业机器人技术、机电一体化技术专业是广西高水平专业群建设专业，专业群中的专业核心课程 PLC 应用技术为区级精品在线课程；建成了机械装备技术数字化资源库，编写了 6 本特色鲜明的活页式校本教材，其中《PLC 控制系统设计、安装与调试》教材获国家优秀教材二等奖；专业、学校的竞争力、影响力都有了显著提高。

产生了区级教学名师 1 人，行业教学名师 1 人，学院教学名师 2 人，教学新秀、青年教学能手 6 人；专业教师的业务水平也得到了提高，参加教学能力比赛获一等奖 2 项，二等奖 1 项，三等奖 4 项，指导学生参加全区、全国技能比赛获奖 20 多项。

（六）示范推广

1. 金光现代学徒制人才培养模式改革成效

（1）校企双元编写的《PLC 控制系统设计、安装与调试》教材被评为国家“十二五”规划教材，国家优秀教材二等奖，推广应用效果良好，发行 51 000 册，被全国近 70 所院校使用。

（2）金光现代学徒典型案例入选学校全国教学管理 50 强方案，金光现代学徒典型案例入选创新行动计划的骨干专业电气自动化技术方案，为其他院校专业建设和教学管理提供参考。

2. 实践成果被南宁晚报、广西日报、广西教育新闻网等媒体宣传报道

2018 年 9 月 19 日，广西新闻网、南宁晚报等媒体报道了广西工业职业技术学院金光现代学徒班的开班典礼，广西日报报道了金光集团 APP（中国）、广西工业职业技术学院和广西大学轻工与食品工程学院三方共同承担的教育帮扶，助学圆梦的项目；南宁早报于 2019 年 4 月 23 日报道了金光自动化现代学徒班纪实——推行校企双元育人模式，探索现代学徒制。

金光自动化现代学徒典型案例参加 2019 年 5 月在北海举行的广西职业教育活动周会展。

金光自动化现代学徒的“文化引路、圆梦金光”拓展活动在金光集团 APP（中国）刊物上报道，反响良好。

五、金光现代学徒班人才培养模式特色与亮点

（一）机制创新——构建了企业参与人才培养“双元双全”机制

建立了校企双元共建现代学徒制的管理机构，成立了金光现代学徒制领导小组和工作小组；完善了校企人才培养一体化的教学运行制度；签订了校企合作协议以及企业、学徒、家长三方协议；出台了学徒在岗管理办法、双师队伍管理办法等；制定了专业标准、课程标准、学徒岗位标准等；实现了现代学徒制人才培养方案以及招生招工一体化机制的顺利运行。

有了机制保障，校企“全过程、全方位”合作育人，每年定期召开 6 ～ 8 次联席会议，企业从专业设置（工艺 + 自动化、工艺 + 机电）、人才培养方案制定、招工招生一体化方案制定、招工招生宣传、岗位培养组织安排、教材选用编写、双导师团队建设、教学案例课程开发、“四岗”实践学生安排、就业安排、学生思想动态等方面真正做到全程参与、双主体育人，打造了企业参与人才培养“双元双全”机制。

（二）模式创新——形成了“双元四岗八共 金光助学圆梦”广西特色现代学徒制模式

在现代学徒制人才培养方案的实施中，金光集团 APP（中国）和广西工业职业技术学院校企合作，双元育人，双元扶贫扶智，创新了具有助学扶贫特征、制浆造纸风格的“双元四岗八共 金光助学圆梦”广西特色现代学徒制模式。

（三）扶贫创新——提供了少数民族地区现代学徒制“教育扶贫样板”

金光集团 APP（中国）推出了“圆梦计划”助学项目，旨在对教育贫困提供精准帮扶，助力贫困学子圆梦大学。学生实现了高薪就业，实现一个人成才就业、脱贫一个家庭、改变贫困家庭命运的目标；2020 年开始已经扩大学徒班的招生专业和规模。

（四）品质创新——创新了“企业文化引路、提升专业品质”的范式

把具有工业特色的专业文化与金光集团 APP（中国）的优秀企业文化融合到人才培养全过程，以职业素养养成为主线，以工匠精神为核心，以技能训练为载体，对接和融合金光集团 APP（中国）“客户至上、创业精神、结果导向、持续改进”优秀企业文化；通过“四岗位、三阶段、四引入”，把企业文化植入校园、载入活动、融入管理、纳入课程，使学生在人才培养的各个环节都能够感受到企业职业文化，逐步提升其对企业的认同感和忠诚度，提升现代学徒班专业文化品质，彰显“金光人”工匠特色，凝练了“学生为本、团结拼搏、成长成才、匠心匠人”的金光现代学徒班的专业品质“新范式”。

第三节　工业机器人技术专业人才培养模式实践探索

一、研究背景

（一）行业发展现状

智能制造是当前世界制造变革的核心，是工业化国家竞争的关键领域，对经济发展和技术改革起着重要推动作用。

为全面贯彻和落实《国务院关于加快发展现代职业教育的决定》《国家职业教育改革实施方案》《促进新一代人工智能产业发展三年行动计划（2018—2020 年）》等文件精神，满足快速发展的产业行业对高水平技术技能型人才的需求，打破高职教育人才培养方案中存在的目标定位不准、培养效果不佳、过

程不系统、评价机制不成体系等瓶颈，广西工业职业技术学院对工业机器人技术专业的人才培养模式进行了大胆的探索和实践。

（二）工业机器人技术专业发展现状

在《中国制造 2025》规划和工业 4.0 提出的背景下，智能制造成为近期中国制造业的主攻方向，以广西区域经济产业的改造升级为契机，智能生产线上大量使用了工业机器人技术，这也对区域内的高职院校提出了新的人才培养要求。

广西工业职业技术学院的专业设置以工科为主，承担着为地方经济输送大量符合产业发展趋势的高精尖人才的重任。广西地方经济产业升级发展需要大量符合现代智能制造要求的高端技术技能型人才，这类人才也是各企业急需的紧缺人才，企业的高速发展对高端技术技能型人才的需求与各类职业院校培养的人才数量和质量不匹配的问题已经严重制约了广西区域经济发展。

工业机器人技术专业是智能制造专业群骨干专业，该专业群对接广西优先重点发展 14 个千亿元产业以及大力发展的四大新兴产业，全力打造符合智能制造以及广西区域经济发展所需的高端技术技能型人才成为智能制造专业群紧迫的任务。

1. 获 2000 万元经费建设

在“中国制造 2025”背景下，市场对工业机器人技术的人才需求不断攀升，发展迅速的机器人及智能装备产业领域需要大批工业机器人应用人才。广西工业职业技术学院在 2015 年和 2018 年分别获得 1000 万元项目建设资金，为其进行工业机器人技术专业人才培养模式的实践与创新提供了资金保障。

2. 高水平专业建设

2019 年，机电一体化技术、机械设计与制造、工业机器人技术、电气自动化技术、机械制造与自动化五个专业被选入广西职业教育智能制造高水平专业群。专业群建设质量高低直接决定着职业院校办学水平的优劣，因此想要位于高水准高职院校之列，必须加大专业群建设的把控力度。骨干专业的打造是专业群建设的核心，以优势专业带动其他专业的共同发展是专业群建设的重要手段之一。

3. 骨干专业建设

2015 年，根据教育部和广西壮族自治区教育厅文件精神，结合学院“十三五”发展目标，广西工业职业技术学院制定了实施高等职业教育创新发展行动计划（2015—2018 年）总体方案。围绕创建优质高职院校，从提升思想政治教育质量、扩大优质教育资源、增强院校办学活力、完善质量保障机制几个方面，主要聚焦“一流学校管理、一流师资队伍、一流品牌专业、一流人才培养、一流社会服务、一流育人环境”六个方面，统筹推进体制机制创新、内部质量保证体系、师资队伍、教科研队伍、品牌专业、校企合作、“一带一路”合作、大学生综合素质、创新创业教育、社会服务、办学基础条件、智能化校园、校园文化、平安和谐校园十四项重点工程建设，工业机器人技术专业被认定为国家骨干专业。

4. 教学诊断与改进

工业机器人技术专业教学诊断与改进工作围绕校企合作成效、人才培养成果、国际化办学、专业发展目标以及内涵建设等方面展开。以专业对复合型技术技能人才提出的新要求为依据，规划、实施、监督专业和课程诊改，确定专业和课程层面的质量维度和质控点，形成常态化“8字”质量改进螺旋；将就业率、企业满意度等作为核心评价指标，将用人单位、专业评价机构等作为评价的主体，构建了专业和课程自我诊断、评价、监控体系，进一步加强专业建设。

二、研究思路

（1）探索校企合作运行机制建设方案。探索产教融合、校企深度合作的“现代学徒制”试点。

（2）探索打破现有传统体系的人才培养模式改革新路径。

（3）构建符合国际标准的实训体系和课程体系，推进信息化教学手段在教学中的应用，做到专业建设和课程建设对接国际标准，全面提升人才培养质量。

（4）加强国家合作办学，提升国际影响力。

（5）构建大师引领，由专业和行业有影响力的教师组成的教学团队，根据学科的发展趋势，建设跨专业混编教师队伍。

（6）发挥专业优势，开展社会服务。

（7）建立以学院为主体、多方参与的教学质量诊断与改进体系，依托学院诊改平台，结合专业自身的特点建立闭环诊改体系，做到实时监控、实时诊断、实时改进，实现人才培养质量的逐步提升。

三、工业机器人技术专业人才培养模式实践过程

（一）创新现代学徒制运行机制

（1）完善校企协同育人机制。与广西50强企业南南铝业股份有限公司合

作签订现代学徒制合作协议，采取分段育人、联合招生、多方参与评价的方式，对育人机制进行完善。

（2）校企推进招生招工一体化。2018 年校企联合招生 40 人，明确在校学生与企业员工共存的“双重身份”，运行招生即招工的工学一体化机制，签订学校、学员和企业三方协议，明晰各方权利和职责。

（3）校企完善人才培养方案和各种标准。校企共同研讨、制定并实施人才培养方案、专业教学标准、课程标准、师傅标准、质量监控标准以及岗位技术标准等；校企共同打造以工作内容和过程为基础的专业课程体系。

（4）校企联合开发特色教学资源。在课程建设中融入职业岗位相关内容，如企业文化、企业精神、安全操作知识、企业标准、能力素养、企业现场管理知识等；以工作任务以及项目过程为依据，对教材、教学内容、教学标准进行开发，将信息化技术手段运用到教学过程中，创建案例资源库及课程资源网站。

（5）强化校企互聘共用的师资队伍建设。完善管理机制，校企双方共同完成对双导师的选拔、培养、考核、奖惩等管理工作，并提供双向挂职锻炼的机会。

（6）完善体现现代学徒制特点的管理制度。以现代学徒制为基础，设计出与之相匹配的教学管理制度、学生考核评价标准，建立多方参与的考核评价机制。

（二）创新工业机器人技术专业人才培养模式

1. 打造“OBE 导向，柔性共育”的人才培养新模式

依托广西区域经济迫切需要转型和产业升级的大中型企业、战略性新兴产业滋生的大批高新企业以及广西工业职业技术学院牵头组建的广西工业职教联盟，与这些企业保持紧密联系和沟通，实时动态地掌握企业对高技术新领域用人的需求，每年针对企业人才需求特点和计划制定“OBE 导向，柔性共育”的特色人才培养方案，解决企业发展过程中高新技术技能型人才紧缺的问题（图 5-22）。

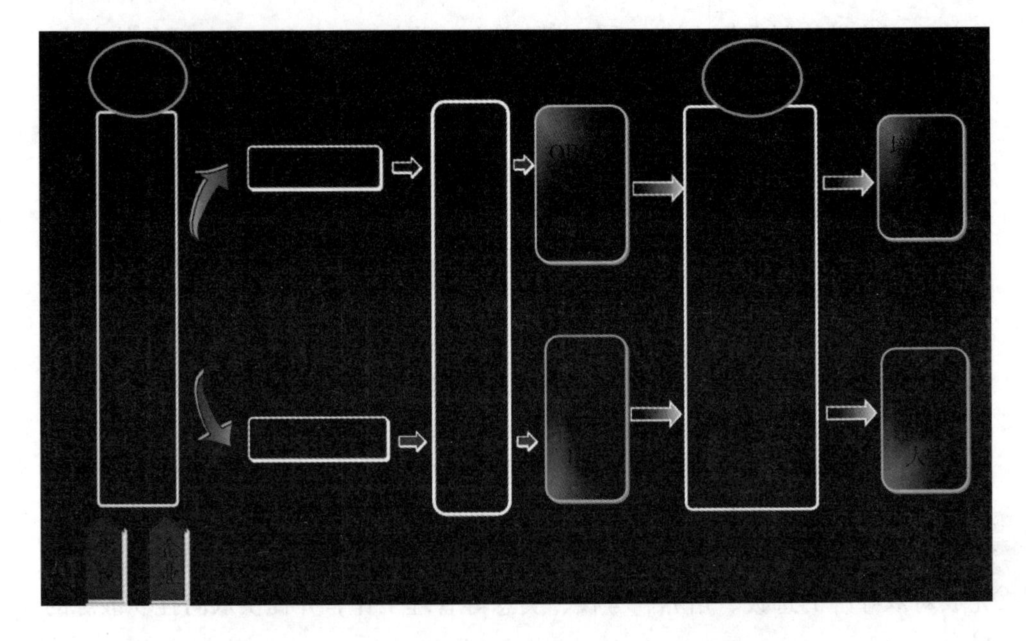

图 5-22 “OBE 导向，柔性共育”的人才培养新模式

2. OBE 导向和现代学徒制

在工业机器人技术专业中开展以《悉尼协议》为范式的专业建设试点，并与广西 50 强企业南南铝业股份有限公司合作开展现代学徒制试点，通过现代学徒制人才培养模式的推广，推动其他专业进行人才培养模式改革。

3. 1+X 证书试点

积极对接教育部 1+X 工业机器人集成应用职业技能等级证书体系、1+X 工业机器人操作与运维职业技能等级证书体系、国家人社部认证体系以及其他行业企业资格认证体系。构建科学合理的人才培养体系，配置以融合企业智能制造流程的教学内容为核心、以数字化教学资源为载体、以现代信息技术手段为平台的智能制造相关专业课程实施保障，切实提高人才培养质量。

（三）以 1+X 证书优化工业机器人技术专业课程体系

工业机器人技术专业课程体系分为公共基础模块、专业基础模块、专业核心模块、选修拓展模块、实践教学模块，如图 5-23 所示。以 1+X 证书制度改革为契机，对工业机器人技术专业课程体系进行优化升级。

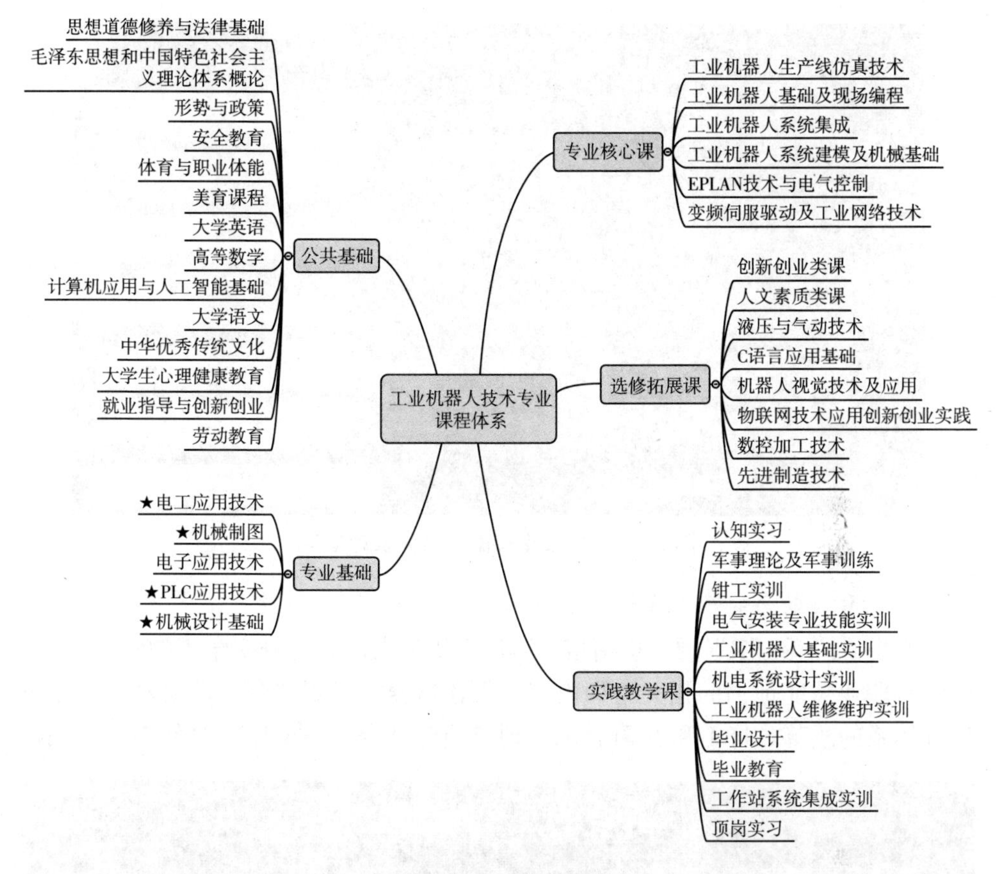

图 5-23　课程体系

学院作为全国“1+X”“工业机器人集成应用”“工业机器人操作与运维”试点单位，在《国家职业教育改革实施方案》和《关于在院校实施“学历证书+若干职业技能等级证书”制度试点方案》大方针的指导下进行“1+X”证书制度下工业机器人技术专业人才培养模式研究，思路如下：

1. 构建 1 和 X 衔接融通总体设计框架

结合“1+X”证书制度标准，对照职业教育国家标准《高等职业学校工业机器人技术专业教学标准》，将 1 和 X 衔接融通，将学历证书、人才培养方案、专业课程体系等与“1+X”证书制度相对应，促进课证融通，探索构建 1 和 X 衔接融通总体设计框架，如图 5-24 所示。

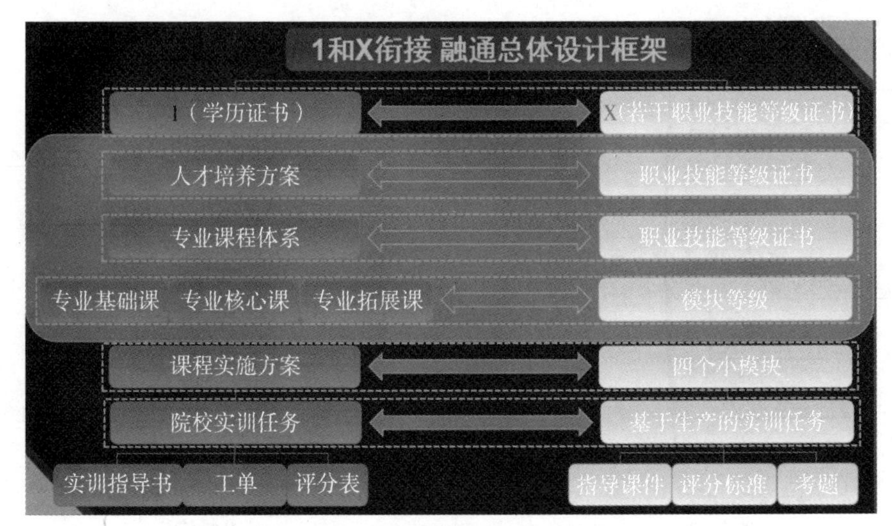

图 5-24　1+X 衔接融通总体设计框架

2. 1 和 X 融合的三个落地实施设计

实现“1”和“X”的有机衔接，通过学历证书的获得夯实学生的专业基础，同时将职业技能证书的相关培训内容与人才培养方案相结合，推动教学内容和课程体系的改革。将 1 和 X 融合的落地实施分三个步骤设计，如图 5-25 所示。

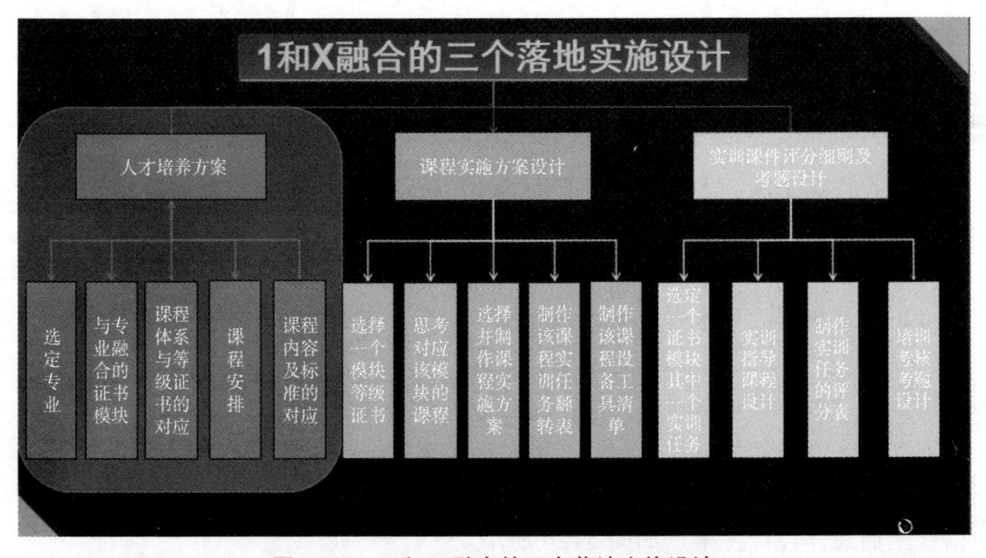

图 5-25　1 和 X 融合的三个落地实施设计

3. 专业人才培养方案设计

重点解决三个关键问题：一是解决人才培养方案没有对接国家标准、职业标准的问题；二是专业课程之间内容重叠、整体内容存在缺失的问题；三是解决1（学历证书）和X（若干职业技能等级证书）衔接融通问题。

4. 证书与课程互换

以1+X证书制度为指导，以提高人才培养质量为目标，创新人才培养模式、评价模式以及培训模式，结合《工业机器人集成应用职业技能等级标准》《工业机器人操作与运维职业技能等级标准》，建设1+X工业机器人集成应用职业技能等级证书以及1+X工业机器人操作与运维职业技能等级证书课证融通课程体系。将工业机器人基础及现场编程课程对接工业机器人操作与运维技能等级证书、工业机器人系统集成课程对接工业机器人集成应用职业技能等级证书，如表5–7、表5–8所示。

表5–7 工业机器人操作与运维证书与学历专业（课程）之间的转换规则表

证书名称	证书等级	颁证机构	专业名称及代码	学历层次	院校名称	证书课程名称	证书课程学分
工业机器人操作与运维	中级	北京新奥时代科技有限责任公司	工业机器人技术 460305	大专	广西工业职业技术学院	工业机器人基础及现场编程	6
工业机器人操作与运维	高级	北京新奥时代科技有限责任公司	工业机器人技术 460305	大专	广西工业职业技术学院	工业机器人系统集成	5.5

表5–8 工业机器人集成应用证书与学历专业（课程）之间的转换规则表

证书名称	证书等级	颁证机构	专业名称及代码	学历层次	院校名称	证书课程名称	证书课程学分
工业机器人集成应用	中级	北京华航唯实机器人科技股份有限公司	工业机器人技术 460305	大专	广西工业职业技术学院	PLC应用技术	6

（四）核心课程建设

（1）在教育机构麦可思的指导下，专业全面推行以《悉尼协议》为范式的 OBE 课程体系建设，以“能力分层递进、课程壁垒打通、工作任务驱动”为核心思路，形成课程标准 20 门。

（2）按照 OBE 理念建设工业机器人应用基础、现代智能产线虚拟仿真与优化技术、工业机器人系统集成 3 门代表专业前沿技术特点的特色课程，引入发那科培训认证体系 1 项。

（3）校企合作共同建设优质课程，引入国际知名企业西门子和发那科标准课程 2 门，与企业开展电气控制及 PLC 控制技术、电工应用技术、PLC 应用技术、工业机器人应用基础 4 门弹性认定课程；开发国际化培训课程电气控制及 PLC 控制技术、PLC 应用技术、工业机器人应用基础 3 门；建成电子应用技术、EPLAN 技术及电气控制、变频伺服及工业网络技术、工业机器人应用基础、智能产线虚拟仿真与优化技术、工业机器人系统集成 6 门专业优质核心课程；建成省级精品在线开放课程 PLC 应用技术以及校级精品在线开放课程工业机器人应用基础各 1 门；主编教材《工业机器人应用基础》《西门子 S7-1200PLC 设计与应用》《PLC 控制系统设计、安装与调试》3 本。

（4）课程信息化建设。利用学院已经搭建好的“学会学”云课堂平台（图 5–26），全面推进信息化教学建设，并结合系部绩效考核方案，将信息化教学建设作为绩效考核的一部分，实现专业课程利用云平台教学的比例达到 90% 以上，同时基于信息化教学的成果创造条件让教师积极参与全区和全国信息化教学比赛。

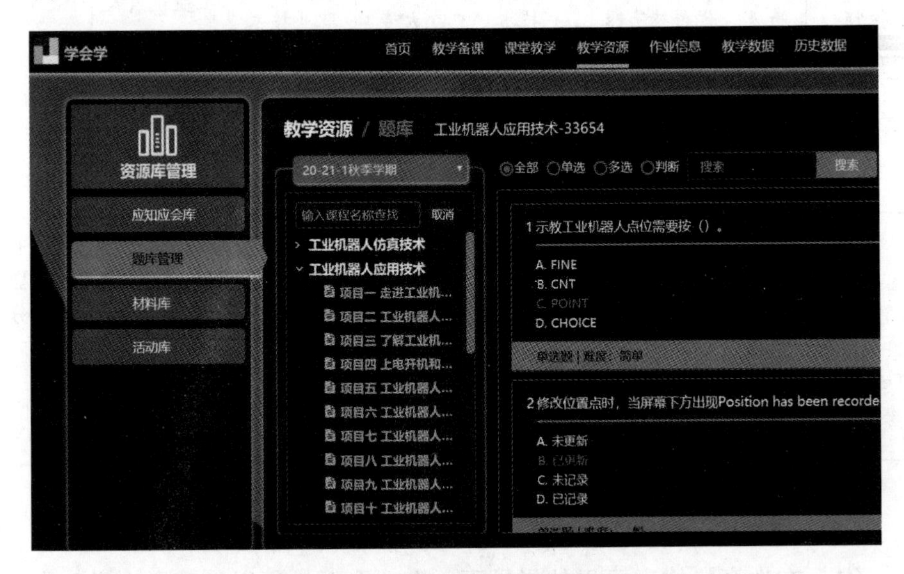

图 5–26 “学会学”云课堂平台

（五）搭建产教融合高端实训基地

1. 校内实训体系建设

利用广西职业教育工业机器人示范特色专业及实训基地项目、工业自动化示范特色专业及实训基地等千万元项目资金，根据自动化和工业机器人领域最新发展趋势，对接国际自动化技术领域西门子公司提出的现代智能控制技术标准，建成由设备层、控制层、操作层、管理层、企业层 5 个层面组成的全生命周期完整现代智能控制技术实训体系，包括工业机器人应用基础实训中心，如表 5–9 所示；工业机器人仿真实训中心，如表 5–10 所示；工业机器人焊接及拆装实训中心，如表 5–11 所示；工业机器人柔性生产线实训中心，如表 5–12 所示；工业机器人机床上下料实训中心，如表 5–13 所示；工业机器人全数字化设计研发实训中心，如表 5–14 所示。通过与西门子、发那科等国际知名企业合作，构建出完善的符合国际标准的工业机器人技术以及现代自动化专业实训体系，为培养出广西区域经济发展紧缺的高端技术技能型人才打下坚实基础。

表 5–9　工业机器人应用基础实训中心

名称	面积/平方米	工位个数	仪器设备名称	品牌与型号	单位	数量
工业机器人应用基础实训室	150	42	空调	KFR−72LW/	台	2
			安全围栏	非标	套	4
			安全光栅	DQC22/30−	套	10
			仿真模拟器	非标	件	2
			交流变压器	UTB3003	台	10
			模拟器工件存放台	非标	台	2
			工业机器人	M−10iA/12	台	8
			机器人底座	非标	台	2
			电气开放平台	非标	套	10
			仿真模拟器	非标	件	5
			仿真模拟器工件存放台	非标	台	5
			工件存放台	非标	台	3

续　表

名称	面积/平方米	工位个数	仪器设备名称	品牌与型号	单位	数量
			多媒体液晶触摸一体机	T70L（学之友）	台	2
			柔性工作台	非标	套	7
			机器人底座	非标	台	5
			网络考试系统	定制	套	1
			主交换机	SMB−S5024	台	1
			空调	KFR−72LW	台	2

表 5–10　工业机器人仿真实训中心

名称	面积/平方米	工位个数	仪器设备名称	品牌与型号	单位	数量
工业机器人仿真实训室	150	49	电脑	OptiPlex	台	49
			电脑及电脑桌	HP280ProG	套	90
	100	45	台式电脑	ThinkCentre	台	45

表 5–11　工业机器人焊接及拆装实训中心

名称	面积/平方米	工位个数	仪器设备名称	品牌与型号	单位	数量
工业机器人焊接及拆装实训室	300	66	机器人维修维护工作站	非标定制	套	1
			复合手爪	非标	个	3
			焊机	非标	台	3
			双轴变位机	负重 500 千克	台	1
			焊接工作台	非标	台	2
			空调	KFR−72LW/	台	4

续　表

名称	面积/平方米	工位个数	仪器设备名称	品牌与型号	单位	数量
			圆形工作台	非标	台	1
			示教器	A05B-2255	件	5
			机器人	LR Mate20	台	1
			工业机器人	M-10iA/12	台	3
			机器人底座	非标	台	3
			料架台	非标	台	3
			工业机器人	KUKA KR10R1420	台	5
			配变位机	定制	台	1
			配套电气控制台	定制	台	5
			配套标准基础练习平台	定制	台	5
			互联网教学平台及教学资源库系统	Moocdo	套	1
			智能铝型材焊接系统	Fronius TPS4000CMT	套	1
			普通焊接系统	麦格米特 Artsen PM500AR	套	2
			触摸屏	西门子 6AV2124-0JC01-0AX0	台	4

续　表

名称	面积/平方米	工位个数	仪器设备名称	品牌与型号	单位	数量
			PLC 控制器	西门子 6ES7214-1AG40-0XB0	台	10
			传送带	定制	台	5
			双臂式抽风除尘装置	定制	套	3
			空调	美的 KFR-72LW/WYEN8A1	台	4
			系统调试控制器	联想 Y7000	台	3

表 5-12　工业机器人柔性生产线实训中心

名称	面积/平方米	工位个数	仪器设备名称	品牌与型号	单位	数量
工业机器人柔性生产线实训室	100	40	触摸屏	6A2124-0J	台	3
			视觉系统	FH-L550	套	7
			功能平台	YL-1811A-	台	1
			安全围栏	YL1811A-W	套	1
			水气单元	YL-1811A	件	1
			立体仓库	YL-181A-C	套	1
			定位夹具	YL-1811A-W	套	1
			电极修磨器	JCV-00200	台	1
			伺服电焊钳	SRTC-2C25	套	1

续　表

名称	面积/平方米	工位个数	仪器设备名称	品牌与型号	单位	数量
			空调	KFR-72LW/	台	2
			AVG 小车	AGV20-2-T	台	1
			传送带	大连美德乐，长度 3 米	套	2
			电脑主机	ET241Y，Verition	台	4
			电脑显示器	ET241Y，Verition	台	4
			系统控制平台	YL-1811A-	台	3
			工作台	YL-1811A-	台	4
			系统控制柜	YL-181A-P	套	1
			亚龙 YL-Famic 仿真软件	定制	套	1
			亚龙 YL-SWH04F 型 PLC 3	定制	台	1
			亚龙 YL-SWH04F 型三菱 PLC	定制	台	1
			亚龙 YL-SWS02A 型电力拖动仿真	定制	套	1
			亚龙 YL-SWS03A 型气动液压仿真	定制	套	1
			亚龙 YL-SWS16A 型传感器 3D	定制	套	1
			亚龙 YL-SWS26A 型电工技能实训考核装置	定制	套	1
			KUKA.SIM PRO	定制	套	1

续　表

名称	面积/平方米	工位个数	仪器设备名称	品牌与型号	单位	数量
			亚龙 YL-335B 自动化生产线配套	定制	套	1
			点焊设备遥控器	TP-C	件	1
			电阻焊机控制器	SIV21CV-N	件	1
			70 寸显示屏	TV 超 4 Max	台	1
			工业机器人	KR210 R27	台	1
			机器人本体	KR 16-2	台	2
			机器人底座	YL-1811A-	台	1
			机器人底座部分	YL-1811A-	台	2
			机器人手爪	MHL2-10D-	套	2
			涂胶设备	CM6160SC5	套	1
			3D 视觉识别系统	Gocator21	套	1
			缠绕缆线包	GX2000 长度 2	包	1
			电脑	OptiPlex	台	40
			60 英寸液晶电视	60UF7762-	台	2
			桌面三维扫描仪	Einscan-S	台	1

表 5-13　工业机器人机床上下料实训中心

名称	面积/平方米	工位个数	仪器设备名称	品牌与型号	单位	数量
工业机器人机床上下料实训室	100	20	台式电脑	ThinkCent	台	40
			开源智能视觉检测系统	定制	套	1
			工具车	定制	辆	1
			数控加工中心	宝鸡机床 MVC850B	台	1
			机床上下料仓库	定制	套	2
			主控	定制	套	1
			视觉系统	定制	套	7
			伺服系统	西门子 6SL3210-5FB10-1UF0	套	10
			焊接原料仓库	定制	套	1
			焊接成品仓库	定制	套	1

表 5-14　工业机器人全数字化设计研发实训中心

名称	面积/平方米	工位个数	仪器设备名称	品牌与型号	单位	数量
工业机器人全数字化设计研发实训室	610	50	数据采集模块	EMBox-4G	块	40
			数据处理器	OptiPlex	块	18
			MES 系统	定制	套	1
			数据采集 SCADA 软件	定制	套	1
			数据采集仿真软件	定制	套	1
			数据采集系统平台	定制	套	1
			数据采集系统云助手 App	定制	套	1

续　表

名称	面积/平方米	工位个数	仪器设备名称	品牌与型号	单位	数量
			PLC 控制器	S7-1500 控制器（西门子）	台	3
			电气控制台	定制	台	3
			调试终端设备	FX63VD（华硕）	台	4
			机床上料机器人系统	M-20iA（发那科）	台	3
			机器人直线行走第七轴	定制	套	3
			传送带	定制	套	2
			工装夹具	定制	套	2
			废料存放仓库	定制	台	2
			故障设置模块	定制	块	3
			PLC 和实训室远程监控系统	定制	套	2
			全景红外摄像机	DS-2DC3326IZ-D3（海康威视）	台	2
			液晶看板	55D2UA（微鲸）	台	4
			机器人配件	机器人配件（发那科）	套	1
			斜轨数控车床	T2C500（沈阳一机）	台	2
			小型 CNC 数控加工中心	VMC850B（10 000 转）（沈阳机床）	台	1
			数控加工中心	VMC850B（18 000 转）（沈阳机床）	台	1

续　表

名称	面积/平方米	工位个数	仪器设备名称	品牌与型号	单位	数量
			RFID 系统	RF180C（西门子）	套	1
			G120 变频器	G120（西门子）	台	16
			传送带	定制	套	4
			触摸屏	TP900 精智面板（西门子）	块	5
			夹具焊接设备	PM–280（肯得）	套	1
			软件	全数字化设计研发实训室软件	套	1
			工艺管理综合应用平台	全数字化设计研发实训室软件	套	1
			数字建模设计综合平台	全数字化设计研发实训室软件	套	1
			机电软一体化设备和生产线研制平台	全数字化设计研发实训室软件	套	1
			工厂和生产线物流过程仿真、优化工具	全数字化设计研发实训室软件	套	1
			配料仿真软件	全数字化设计研发实训室软件	套	1
			中央监控服务器	XPS8930–R19N8 中央监控服务器	台	1
			生产运营综合监控大屏（16 ： 9 拼接液晶拼接屏）	生产运营综合监控大屏（16 ： 9 拼接液晶屏）	台	1
			PLC 控制器	S7–1516–3PN/DP PLC 控制器	块	4

续 表

名称	面积/平方米	工位个数	仪器设备名称	品牌与型号	单位	数量
			PLC和实训室远程监控系统	SY-RSCM206	套	2
			ERP企业资源计划	智能制造生产运营实训室软件	套	1
			MES智能制造执行系统	智能制造生产运营实训室软件	套	1
			制造过程仿真验证平台	智能制造生产运营实训室软件	套	1
			仓库管理系统（WMS）	智能制造生产运营实训室软件	套	1
			配料仿真软件	智能制造生产运营实训室软件	套	1
			电气控制台	FLM011电气控制器	台	2
			调试终端设备	20FHA02SCD ThinkPad	套	4
			工业以太网系统	X208工业以太网系统	套	4
			成品智能立体仓库	FLM708成品智能立体仓库	套	1
			定制化立库托盘	定制化立库托盘	台	150
			智能仓储出入库机器人	M-20iA/20智能仓储出入库机器人	台	1

续　表

名称	面积/平方米	工位个数	仪器设备名称	品牌与型号	单位	数量
			机器人直线行走第七轴	FLM6711 机器人直线行走第七轴	台	1
			3D 视觉系统	3D 视觉系统	套	1
			2D 视觉系统	2D 视觉系统	套	1
			全景红外摄像机	DS-2DC3326IZ-D3	台	2
			机器人配件	机器人配件	套	1
			智能立体仓库	FLM708 智能立体仓库	套	1
			RFID 系统	RF300 RFID 系统	套	1
			变频器	G120 变频器	台	8
			机床上料机器人系统	M-20iA/20	台	1
			工业网络实训设备套装	FMCCS0111	套	1
			AGV 智能物流系统	AGV 智能物流系统	套	2
			通风过滤设备	FLM4328 通风过滤设备	套	2

2. 校外实训基地建设

依托《悉尼协议》范式专业建设，以广西玉柴机器集团有限公司以及广西南南铝业有限公司开展的“现代学徒制”为载体，开展“OBE 导向，柔性共育”人才培养模式改革，并与企业深度合作共建校外实训基地 15 家。

3. 校企合作共建技术推广和应用中心、职业培训认证中心

与广西机械工业研究院、柳州市自动化科学研究所、上海发那科机器人有限公司、广州因明智能科技有限公司、南宁能迪科技有限公司合作建成技术推广和应用中心 1 个、达到国际标准的职业培训认证中心 1 个。

4. 1+X 证书项目实训基地

打造 1+X 证书制度工业机器人操作与运维职业技能等级实训中心。实训基地配备 6 套工业机器人操作与运维职业技能等级证书实训系统，供学生进行工业机器人操作与运维职业技能初、中、高证书考核实训。单套实训平台综合占地面积约（包含操作空间）为 16 平方米。同时，实训基地占地面积约为 150 平方米，可供 30 ～ 50 名学生进行工业机器人操作与运维职业技能等级实训。

（六）工业机器人技术专业“三教”改革实践

1. 教师改革

（1）名师建设工程。教师队伍水平的高低直接影响着专业建设效果，以德才兼备、专业技术水平高的名师带头开展专业建设才能将专业建设水平推向新的高度。结合专业现状弹性引进企业大师至少 1 名；专业团队中教师获全国石油化工行业教学名师以及广西教学名师各 1 名、学院教学名师 3 名。

（2）骨干教师培育工程。通过引进人才、制定院内青年教师培养计划等方式，为本专业培养出一批技术过硬，在专业领域知名度高、教学成果突出的骨干教师，安排教师参加顶岗锻炼和技术技能培训班，提升核心骨干教师的能力。

①派出 9 名教师到广西玉柴机器集团有限公司开展顶岗锻炼，深入推进产业学院合作。利用假期实践，派出 9 名专业骨干教师到广西玉柴机器集团有限公司开展顶岗锻炼，教师通过此次顶岗锻炼对广西玉柴机器集团有限公司的生产情况、技术装备情况、管理情况和对于技术人员需要的情况有了深入了解，期间为企业员工开展了 PLC 应用技术和数控加工技术的培训，同时为玉柴职业大学制作了多类教学资源，获得了企业的高度认可，为后续进一步深入推进产业学院的合作打下了基础。

②派出3名教师参加MCD数字化课程培训，掌握专业前沿技术。2020年8月3日—13日，工业机器人专业派出杨铨、周雪会和何宇平参加了广西机械工业研究院举办的西门子智能制造技术——MCD（机电一体化概念设计系统）软件培训班，通过学习，教师掌握最前沿的数字化技术，为深化课程改革、研发教学项目、建设在线开放课程打下了基础。

③派出2名教师参加世界技能机器人系统集成项目的师资培训班，为备战该项目打下了基础。2020年8月3—13日，工业机器人专业李叶伟和黄熙雯到天津参加了世界技能机器人系统集成项目的师资培训班，为该项目能够在国赛中取得好成绩打下了基础。

④派出多名专业教师参加1+X职业技能等级证书师资培训班和考评员培训班，为后续能够顺利开展1+X证书试点工作打下了基础。有3名教师于2020年8月16—27日参加1+X工业机器人操作与运维职业技能等级证书师资培训班和考评员培训班；有2名教师于2020年8月23—29日参加了1+X工业互联网实施与运维师资培训班；有1名教师参加了牵头单位工作会议。通过这些培训，教师掌握了1+X证书试点改革的内涵和相关证书的具体实施要点，掌握了证书的培训技术，这些都为后续能够顺利开展1+X证书试点工作打下了基础。

⑤教师参加教学能力比赛培训班，全面备战教学能力大赛。有3名教师参加了教学能力培训班，通过培训，教师掌握了教学能力比赛的规则、技巧，为备战微课比赛和课堂教学比赛做好准备。

（3）兼职教师队伍建设工程。建立一支专业技术过硬的企业兼职教师队伍，有了稳定的企业兼职教师队伍，才能更好地实施人才培养方案中企业案例和企业课程的建设和授课工作，通过聘用和柔性引进的方式充实现有兼职教师库，形成20人以上稳定的兼职教师队伍。

2. 教法改革

随着信息化教学的不断发展，在线课堂因其教学资源丰富且不受时间、地点限制的特点，逐渐为学校和师生所接受。许多商家也找准商机，聘请优秀教师录制课堂视频进行在线教育。但大部分在线课堂都是付费模式，不适合在校学生。为了让学生更好地学习专业知识，学校与智慧树共同合作，为专业群需求最多的工业机器人应用基础和PLC应用技术两门课程录制在线开放课程，极大解决了教师教学手段单一、教学效果不佳的教学问题（图5-27）。

图 5–27　在线课程

改革以教师为主的填鸭式教学方法，将学生作为教学活动的主体，将选择权交到学生手中。教师在课前把教学的核心内容进行提炼、概括，录制短视频，利用学院已经搭建好的“学会学”云课堂平台，使学生通过观看教师的讲解视频进行课堂内容预习，在课堂上教师就能留出更多的时间来把主要精力放在对学生的辅导交流上，做到因人施教。学生课下也可以通过网络对学习效果进行反馈并与教师进行交流沟通。这种模式突破了传统课堂教学地域、时间的限制，完成了对教学系统的重构。

3. 教材改革

将“课程思政”融入教材体系，校企双方共同研发模块化、手册式以及新型活页式教材，开发通识课模块化、专业核心课程活页化、培训课程手册化的新型教材，推进教材“动”起来、教法“活”起来、教师“改”起来的课堂革命，打造“互联网 +”金课，编写了《PLC 控制系统设计、安装与调试》《工业机器应用基础》《西门子 S7–1200PLC 应用技术》活页式教材，为推进课堂革命提供了支撑。

工业机器人技术专业作为一个新兴专业，可以用来教学并考取职业技能证书的教材较少，学校通过对企业的岗位能力调查分析，确定了工业机器人技术专业的 PLC 控制系统设计、安装与调试，工业机器人应用基础，西门子 S7–1200PLC 设计与应用 3 门课程作为课证融合教材进行编写。

组织课程开发专家、企业专家、本专业教学专家、来自培训评价组织的职业技能测评专家共同完成证书课程教材的开发。教材开发采取专业负责人制。首先，教材目标以及内容的选择、组织由资深专家总体把关；其次，主编按照资深专家的要求各自负责一部分；最后，由编审委员会审定，编审委员会由本专业教学专家、企业专家、课程开发专家、职业技能测评专家共同组成。

（七）建设数字化专业教学资源库并实施混合式教学

1. 优质资源共享课建设

校企双方共建课程开发团队，建设优质资源共享课，将教学案例应用到教学过程中，形成课堂教学新形态。充分利用现代信息化教学技术实现线上线下多种形式的教学互动，发挥学生在教学活动中的主体地位，调动其学习的主动性和积极性。

2. 教学资源库建设

借助工业云课堂平台，通过研发高质量共享课程，完成数字化教学资源以及试题库的积累、搭建，为学生自主学习、网上测评、在校交流提供更多机会，探索基于网络教学资源学习的教学新方式。专业课实现工业云课堂使用率 100%。

四、工业机器人技术专业人才培养模式实践成效

（一）建立了适合工业机器人技术专业诊改的目标和标准体系

工业机器人技术专业经过诊改，建立了符合学校和专业定位要求的各类标准和目标。各种标准和目标的建立都是在充分调研、标杆分析的基础上进行的，专业教学团队先后走访了区内外多家企业和国家示范性院校，最终形成自身的专业规划、标杆分析报告、行业调研报告等材料。

（二）专业招生规模不断扩大

专业招生计划完成率、报到率、专业相关度、就业竞争力、就业率、企业对毕业生满意度等数字不断攀升。随着特色专业的打造，学院招生规模不断扩大，招生人数持续增加，如图 5–28 所示。

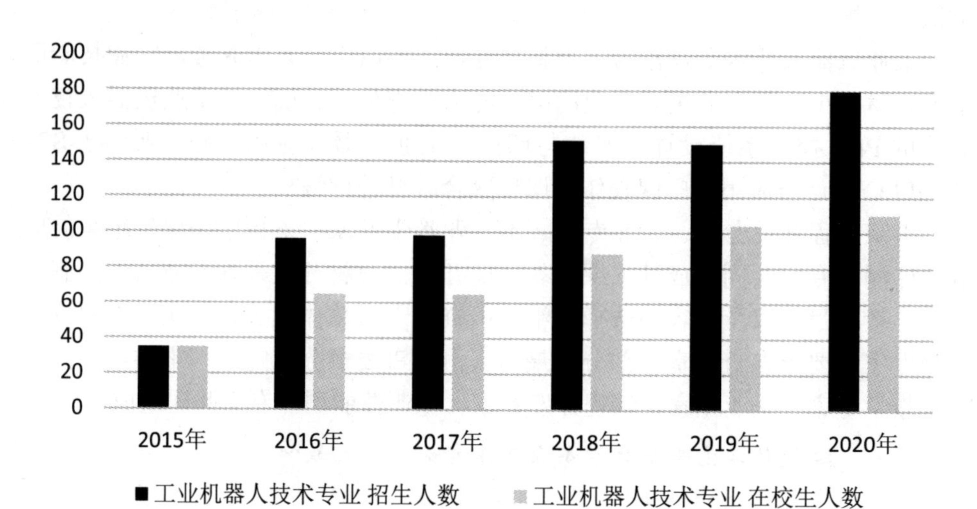

图 5–28 工业机器人技术专业招生情况

（三）专业服务社会能力不断提升

社会服务能力建设是工业机器人技术专业建设的关键所在。从领导层到广大教师，在高职院校承担社会服务职能理念上达成共识，组建学院社会服务能力建设组织机构，稳步推进社会服务多个项目建设，如埃塞俄比亚 OMO3 糖厂项目、广西大学轻工与食品工程学院机器人技术项目、南宁市三职校工业机器人专业带头人及骨干教师培训、东亚糖业 PLC 培训等，如表 5–15 所示。

表 5–15 培训企业员工一览表

序号	培训企业	培训日期	培训内容	培训人数
1	埃塞俄比亚糖业公司 OMO3 糖厂	2017 年 12 月 28 日—2018 年 2 月 10 日	电气技术、PLC 技术、DCS 技术	40

续　表

序号	培训企业	培训日期	培训内容	培训人数
2	东亚糖业 –PLC 培训一班	2018 年 7 月 23 日—2018 年 7 月 27 日	PLC 基本知识及操作	24
3	东亚糖业 –PLC 培训二班	2018 年 8 月 6 日—2018 年 8 月 10 日	PLC 基本知识及操作	25
4	东亚糖业 –DCS 维修培训班	2018 年 6 月 11 日—2018 年 6 月 15 日	DCS 维修	37
5	东亚糖业 –DCS 操作培训班	2018 年 6 月 11 日—2018 年 6 月 15 日	DCS 操作	36
6	广西大学轻工与食品工程学院	2017 年 12 月 25 日—2018 年 1 月 15 日	机器人技术	25
7	南宁市三职校		工业机器人专业带头人及骨干教师培训	8
8	南南铝业股份有限公司	2019 年 3 月 30 日—2019 年 5 月 12 日	FANUC 机器人 C 级资格证考证培训	21
9	广西壮族自治区总工会	2019 年 11 月 25 日—2019 年 11 月 29 日	工业机器人应用技术	92
10	广西玉柴机器集团有限公司	2020 年 7 月 26 日—2020 年 7 月 31 日	工业机器人应用技术	19
11	广西玉柴机器集团有限公司	2020 年 8 月 16 日—2020 年 8 月 19 日	PLC 应用技术	42
12	广西机械工业联合会	2020 年 11 月 17 日—2020 年 11 月 20 日	工业机器人高级应用技术	60
13	广西理工职业技术学院	2020 年 12 月 14 日—2020 年 2020 年 12 月 18 日	工业机器人操作与运维	50

续 表

序号	培训企业	培训日期	培训内容	培训人数
14	南宁第三职业技术学校	2020 年 1 月 4 日—2020 年 1 月 8 日	工业机器人操作与运维	30
15	南宁卷烟厂	2020 年 4 月 25 日—2020 年 10 月 24 日	南宁卷烟厂电气竞赛培训	20

（四）建立协同创新中心

与广西机械工业研究院和柳州市自动化科学研究所组建自动化及工业机器人协同创新中心，学校与相关两所科研院所制订创新中心的管理办法和机制，投入相应的经费和场地保证协同创新中心的顺利运行，双方建立共同申报和开展各类纵向和横向课题的管理机制和绩效奖励方案。

（五）对接国际标准

引进国际自动化领域巨头西门子和发那科的标准教学资源库，课程内容与国际标准对接。引入两家公司的相关课程和机器人的培训标准，并与两家公司签订教学合作协议，共同组建教师团队和培训认证管理团队，将两家公司的教学资源包和教学标准配套到相应的课程和培训认证课程中。做到部分核心课程与国际化先进教学标准相对接。

（六）人才培养模式改革成果

1. 形成“OBE 导向，柔性共育”的人才培养新模式

依托广西区域经济迫切需要转型和产业升级的大中型企业以及战略性新兴产业滋生的大批高新企业，通过校企双主体共同完成课程体系的架构以及人才培养方案的制订，实现理论与实践的有机融合。对接国际标准，与广西大型工业加工生产企业合作开展“现代学徒制”试点，形成“OBE 导向，柔性共育”的人才培养新模式，学校建立弹性学分制，校企可共同制订课程标准，创新授课模式，建立以成果为导向的课程标准，根据不同企业的用人计划柔性开展“现代学徒制”定制化人才培养。

工业机器人技术专业是广西高水平建设专业，是创新行动计划国家骨干专业，获广西示范特色专业及实训基地建设项目。

2. 全面推进 1+X 证书试点工作，成效显著

工业机器人技术专业承担了“工业互联网实施与运维”“工业机器人操作与运维”“工业机器人集成应用”三个证书的试点工作，并承担“工业互联网实施与运维”“工业机器人操作与运维”两个证书的广西牵头单位工作。

针对三个证书开展了师资培训、考评员培训、学生培训相关工作，并有效将证书的标准融入人才培养体系和课程内容中，按照教育厅的指标完成试点任务。

（1）作为牵头单位，联合评价组织，开展了全区工业机器人操作与运维的师资培训班。2020 年 8 月 16 日—23 日，智能制造学院代表学校联合北京新奥时代科技有限责任公司（1+X 工业机器人操作与运维职业技能等级证书评价组织）在广西工业职业技术学院开展了 1 期全区“1+X 工业机器人操作与运维职业技能等级证书师资培训班”，通过培训，来自全区试点院校中的近 30 名教师掌握了该证书的考试内容、考核方式、训练要点、申报流程，同时通过设备的培训让教师掌握了该证书培训和考试平台的应用，为广西培养了近 30 名合格的该证书培训教师，为积极推进该证书的改革做出了贡献。

（2）作为牵头单位，联合评价组织，开展了全区工业机器人操作与运维的考评员培训班。2020 年 8 月 24—27 日，智能制造学院代表学校联合北京新奥时代科技有限责任公司（1+X 工业机器人操作与运维职业技能等级证书评价组织）在广西工业职业技术学院开展了 1 期全区“1+X 工业机器人操作与运维职业技能等级证书考评员培训班”，来自全区试点院校中的近 50 名教师参加了此次培训，为广西顺利开展该证书的鉴定和评价、为培养出合格的考评员队伍打下了基础。

（3）利用假期实践，对学生开展了 1+X 证书技能培训，深入推进了该证书试点工作的开展。2020 年 8 月 3—15 日，智能制造学院对工业机器人技术和机电一体化技术专业的 36 名学生按照 1+X 工业机器人操作与运维职业技能等级证书中级证书的培训标准开展了培训，对于该证书学校需要完成 100 名学生的培训认证任务，因此此次培训为年底能够顺利完成教育部该证书的试点任务打下了基础。

（4）积极推进了两个 1+X 证书牵头单位对应考证基地的建设。作为工业互联网实施与运维以及工业机器人操作与运维两个证书的牵头单位，已经完成了证书培训和考证基地的建设，组织相关院校开展了 3 期证书的培训和考证。

（5）做到课证融通，有效将证书标准融入人才培养方案和课程体系中。结合 4 个 1+X 证书试点工作，有效将 4 个证书的标准融入了机械制造与自动化、

电气自动化技术、工业机器人技术、机电一体化技术专业等高水平专业群中，完成了 300 多名学生的考证工作，学生通过率超过 90%，有效提升了人才培养质量。

（七）课程建设成果

专业教师作为主编公开出版教材《工业机器人应用基础》《西门子 S7-1200PLC 设计与应用》《PLC 控制系统设计、安装与调试》，如图 5-29 所示。

图 5-29　教材

建设精品在线开放课程 3 门，其中 PLC 应用技术评为区级精品在线开放课程，工业机器人应用基础、人工智能初级修炼宝典——人脸识别技术为院级精品在线开放课程；建成院级教学资源库 1 个；工业机器人技术专业信息化课程使用率达到 100%；2020 年信息化教学大赛中，高职高专组工业机器人应用基础获区赛一等奖，高职高专组 FANUC 机器人更换润滑油脂获区赛三等奖。将工业机器人系统集成和工业机器人基础及现场编程两门课程与 1+X 试点证书工业机器人操作与运维、工业机器人集成应用相融合，实现课证融通。2020 年工业机器人技术专业报名参加 1+X 试点证书工业机器人操作与运维考证 100 人，其中高级 20 人，中级 80 人，获证率 100%。

（八）实训体系对接国际标准

以工业自动化为主线，旨在提升学生创新思维和实践能力，对接国际自动化技术领域西门子公司提出的现代智能控制技术标准，注重做好三个结合：仿真训练与现场训练相结合、基础训练与特色训练相结合、实践训练与创新训练相结合。通过与西门子、发那科等国际知名企业合作，建立完善的符合国际标准的现代自动化和工业机器人技术专业实训体系，如图 5-30 所示。

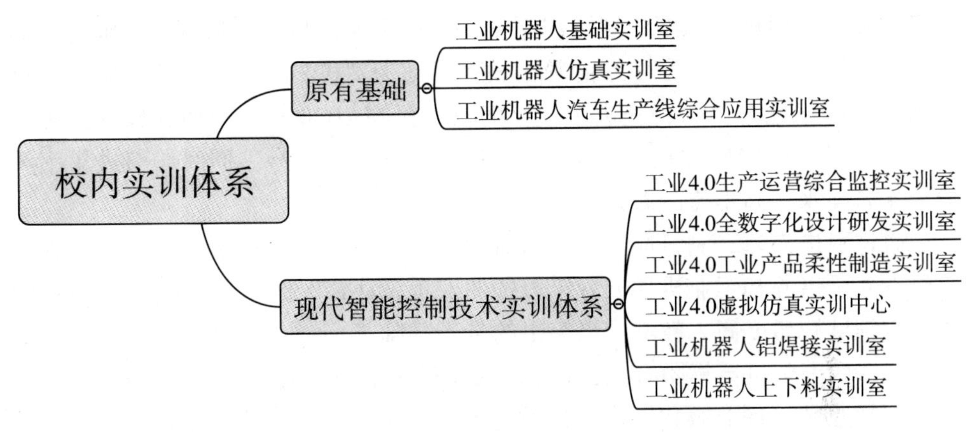

图 5-30　校内实训体系

以《悉尼协议》范式为专业建设指导，与南南铝业股份有限公司等企业开展“现代学徒制”改革工作，实施“OBE 导向，柔性共育”人才培养模式，图 5-31 是校外实训体系。

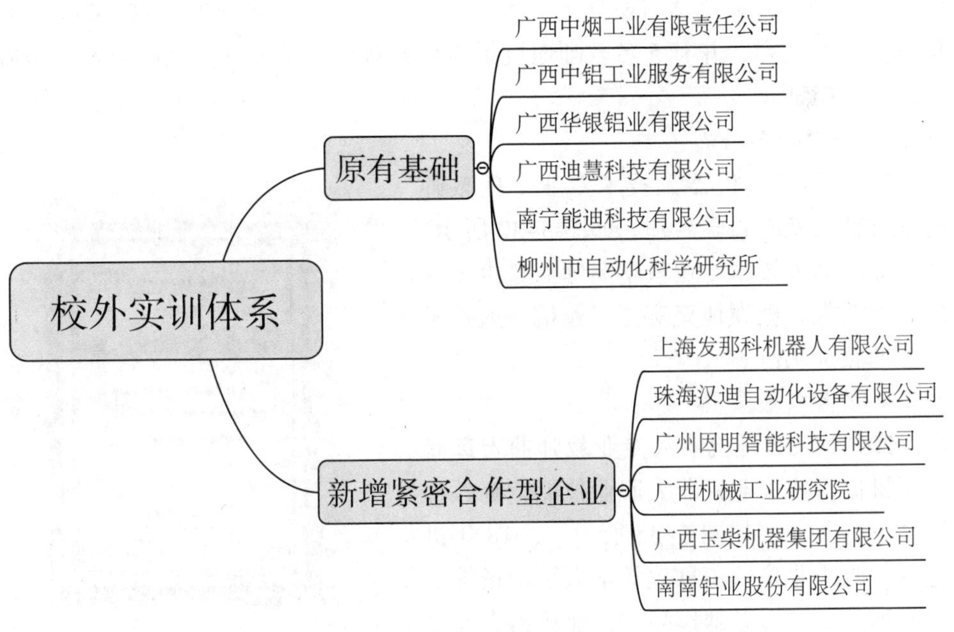

图 5-31　校外实训体系

（九）教师队伍建设

1. 人才引进

通过内培外引，完成了“加强师德师风建设的计划”“师德师风建设实施方案”等一系列规章制度的制订和完善，责任到人，与教师签订了“师德承诺书”，狠抓践诺。以丰富多彩的师德教育活动为契机，在活动中实践师德，培养出一批师德优秀教师和先进个人，陶权教授在 2020 年获广西壮族自治区教学名师称号，杨铨副教授在 2019 年获院级教学名师称号。同时，引进了韦河光等 4 名高水平高学历的教师。

通过引进人才、制订院内青年教师培养计划等方式，引进了工业机器人专业负责人梁倍源和工业机器人骨干教师曲宏远，为本专业培养出一批技术过硬，在专业领域知名度高、教学成果突出的骨干教师。

与广西玉柴机器集团有限公司、广西机械工业研究院等企业进行校企合作，通过教师互聘、创业孵化、产品研发等方式，建立一支专业技术过硬的企业兼职教师队伍，有了稳定的企业兼职教师队伍，通过聘用和柔性引进的方式充实现有兼职教师库。

2. 专业知识培训

分两个批次共 8 名教师前往上海发那科机器人有限公司进行发那科机器人 C 级师资培训，系统学习机器人编程（C 级）、电气维修维护、ROBOGUIDE 仿真软件等内容，并有 5 名教师通过了考核，获得了发那科工业机器人 C 级师资培训资格证。

3. 教学名师培养

2017 年工业机器人技术专业专任教师杨铨被评为院级教学名师，如图 5-32 所示，使工业机器人技术专业教学名师数量由 1 人增加到 2 人，极大地充实了工业机器人技术专业的教师队伍。

图 5-32　教学名师证

4. 教师技能大赛

2017 年 12 月机器人专业教师曲宏远获全国机械行业工业机器人职业技能竞赛教师组“三等奖”，如图 5-33 所示。2018 年进行的广西职业院校信息化教学大赛中杨铨、曲宏远、左春梅老师作品“工业机器人安全注意事项”，电子与电气工程系梁倍源、陶权、刘昌亮老师的教学设计作品“工业机器人工具坐标三点法设置”，电子与电气工程系翟红云、崔岳峰、桂卓琪老师的课堂教学作品“工业机器人气动抓手回路设计仿真与安装调试”分别获得区级三等奖，而且翟红云、崔岳峰、桂卓琪老师的课堂教学作品“树工匠精神 筑甜蜜事业——偏移指令在糖厂码垛中的应用”被选参加全国教学设计大赛。

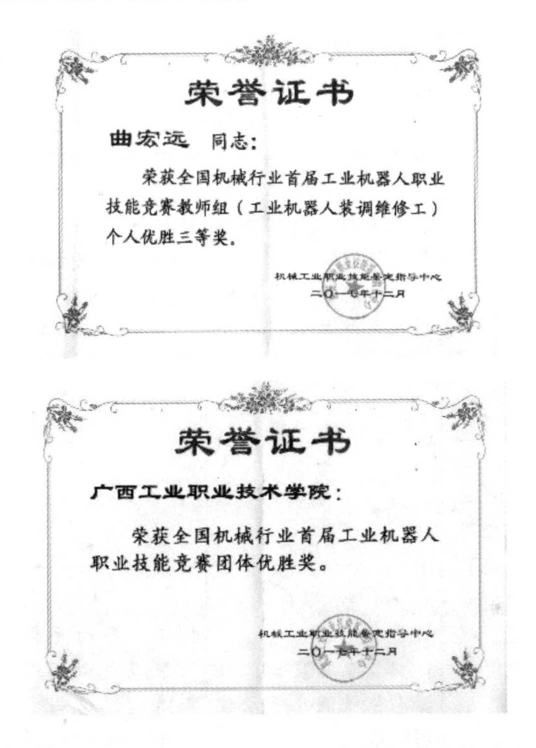

荣誉证书

曲宏远　同志：

荣获全国机械行业首届工业机器人职业技能竞赛教师组（工业机器人装调维修工）个人优胜三等奖。

机械工业职业技能鉴定指导中心

二〇一七年十二月

荣誉证书

广西工业职业技术学院：

荣获全国机械行业首届工业机器人职业技能竞赛团体优胜奖。

机械工业职业技能鉴定指导中心

二〇一七年十二月

图 5-33　全国机械行业工业机器人职业技能竞赛获奖证书

五、工业机器人技术专业人才培养模式实践特色与亮点

（一）课证赛岗四位一体融通

1. 课证融通，考取职业技能等级证书

把 1+X 工业机器人操作与运维职业技能标准与课程相融合。将国家职业资格标准融入人才培养方案的制定，在课程体系的开发中加入职业认证培训内容，实现专业课程和职业认证有机结合，如表 5-16 所示。通过课程内容的融合构建，使学生在课堂学习后，既掌握了专业知识，又完成了职业认证考试的基础培训，为之后职业证书的考取打下了坚实基础。

表 5–16　X 证书和课程对接表

X 证书	工作领域	工作任务	技能要求	知识要求	课程
工业机器人操作与运维（中级）	1　工业机器人系统安装	1.1　工业机器人应用系统安装（搬运　码垛）	1.1.1　能安装工业机器人系统 1.1.2　能安装工业机器人末端执行器并对其进行调整 1.1.3　能安装工业机器人系统的电气控制线路	1.1.1　了解电气布局图的设计原则 1.1.2　电气系统的连接与检测 1.1.3　工业机器人拆包前的准备 1.1.4　常用机械、电气测量工具	EPLAN 技术与电气控制
					电工应用技术
					工业机器人系统建模及机械基础
			1.1.4　能安装工业机器人系统液压气动控制回路	1.1.5　气动元件的安装及气动回路的搭建 1.1.6　识读气动原理图	液压与气动技术
			1.1.5　依据技术文件要求，能选用和安装视觉、位置、力觉传感器	1.1.7　传感器的基本作用 1.1.8　传感器的安装要求 1.1.9　传感器的选择	传感检测与 PLC 应用技术

续　表

X证书	工作领域	工作任务	技能要求	知识要求	课程
	2　工业机器人校对与调试	2.1 工业机器人零点校对	2.1.1　能操作工业机器人零点校对 2.1.2　能判断工业机器人断电、减速器更换等五种需要零点校对的状况	2.1.1　了解工业机器人伺服电动机编码器的作用 2.1.2　了解工业机器人各轴的零点位置 2.1.3　了解工业机器人在运行前进行零点标定的意义	变频伺服驱动及工业网络技术
					工业机器人基础及现场编程
		2.2 工业机器人调试	2.2.1　能对工业机器人功能部件进行试运行调整，如螺旋伞齿，减速器，工业机器人大、小臂等 2.2.2　能调整加减速等参数	2.2.1　工业机器人本体及控制柜故障诊断与处理 2.2.2　示教器的使用方法	工业机器人基础及现场编程
					工业机器人维护实训

续 表

X 证书	工作领域	工作任务	技能要求	知识要求	课程
	3 工业机器人操作与编程	3.1 运用示教器完成工业机器人简单动作的编程	3.1.1 能使用工业机器人运动指令进行基础编程 3.1.2 能完成工业机器人运动指令参数的设置 3.1.3 能完成工业机器人手动程序调试 3.1.4 能熟练应用中断程序，正确触发动作指令 3.1.5 能通过编程完成对装配物品的定位、夹紧和固定 3.1.6 能进行多工位码垛程序编写 3.1.7 能完成工业机器人的典型手动示教操作（矩形轨迹、三角形轨迹、曲线轨迹和圆弧轨迹等） 3.1.8 能正确配置常用外部设备 I/O 信号	3.1.1 工业机器人编程语言系统结构 3.1.2 工业机器人动作指令 3.1.3 工业机器人 I/O 指令 3.1.4 待命指令 3.1.5 寄存器指令 3.1.6 条件比较指令 3.1.7 条件选择指令 3.1.8 装配工作站的构成 3.1.9 远程 I/O 模块	工业机器人基础及现场编程
		3.2 工业机器人周边设备编程	3.2.1 能安装 PLC 编程软件 3.2.2 能进行 PLC 简单逻辑编程 3.2.3 能进行触摸屏编程	3.2.1 PLC 基本指令 3.2.2 PLC 程序结构 3.2.3 触摸屏控件	传感检测与 PLC 应用技术

续　表

X 证书	工作领域	工作任务	技能要求	知识要求	课程
	4　工业机器人系统维护	4.1　工业机器人控制柜维护	4.1.1　能对控制柜进行日检（控制柜清洁、散热器状态、控制器状态、示教器功能、安全防护功能、按钮开关功能等） 4.1.2　能对控制柜进行季度检查（散热风扇检查、控制器内部清洁等） 4.1.3　能对控制柜进行年度检查（散热风扇清洁、上电接触器、刹车接触器、安全回路等） 4.1.4　能识读电路图符号 4.1.5　能识读工业机器人控制柜电路图，并进行电路检查 4.1.6　能识读工业机器人本体电路图，并进行电路检查	4.1.1　工业机器人本体状态检查 4.1.2　了解控制柜常规检查项目 4.1.3　了解工业机器人常规检查项目 4.1.4　工业机器人运行参数及运行状态检测 4.1.5　了解控制柜定期检查与维护注意事项 4.1.6　了解控制柜定期检查与维护内容 4.1.7　识读工业机器人控制柜的控制原理图框架	工业机器人维护实训 EPLAN 机电系统设计实训
		4.2　工业机器人部件更换	4.2.1　能更换工业机器人本体各关节电机 4.2.2　能更换工业机器人减速机	4.2.1　更换电动机与减速机的注意事项	工业机器人维护实训

续 表

X证书	工作领域	工作任务	技能要求	知识要求	课程
	5 工业机器人系统故障诊断及处理	5.1 工业机器人本体故障诊断及处理	5.1.1 能找到工业机器人振动噪声产生原因并处理 5.1.2 能找到工业机器人电机过热产生原因并处理 5.1.3 能找到工业机器人齿轮箱漏油、渗油产生原因及处理 5.1.4 能找到工业机器人关节不能锁定产生原因及处理	5.1.1 更换工业机器人本体润滑油（脂）的注意事项 5.1.2 了解常见振动噪声的产生原因 5.1.3 常见振动噪声的故障说明 5.1.4 振动噪声故障诊断与处理	工业机器人维护实训
		5.2 工业机器人控制柜故障诊断	5.2.1 能对工业机器人控制柜软故障进行检测 5.2.2 能诊断工业机器人周边设备故障 5.2.3 能诊断工业机器人控制柜主计算机、安全面板、驱动单元、轴计算机模块故障 5.2.4 能诊断工业机器人控制柜系统电源、用户I/O电源、标准I/O、接触器模块故障 5.2.5 能根据工业机器人故障现象查询故障码，并排除	5.2.1 电动机过热的常见原因 5.2.2 工业机器人齿轮箱漏油故障诊断与处理 5.2.3 关节故障诊断与处理 5.2.4 控制柜常见软故障及处理方法 5.2.5 了解控制柜各单元的常见故障	工业机器人维护实训
		5.3 位置传感器故障诊断	5.3.1 能根据位置传感器故障现象分析判断故障原因 5.3.2 能排除位置传感器故障	5.3.1 位置传感器产生故障的原因	工业机器人综合系统维修维护实训

续　表

X证书	工作领域	工作任务	技能要求	知识要求	课程
工业机器人操作与运维（高级）	1　工业机器人系统安装	1.1 工业机器人应用系统安装（焊接、打磨抛光）	1.1.1　能安装工业机器人系统（焊接），并安装焊接电源及附属设备 1.1.2　能安装变位机和变位机夹具 1.1.3　能安装工业机器人系统（打磨抛光），并能安装工业机器人末端浮动打磨头 1.1.4　能安装工业机器人周边砂带打磨抛光附属设备	1.1.1　了解工业机器人工作站的组成 1.1.2　了解各工艺单元的功能 1.1.3　焊接工作站的构成 1.1.4　焊接工作站的安装规范 1.1.5　变位机的构成及作用 1.1.6　抛光打磨工作站的构成 1.1.7　抛光打磨工作站的安装规范	工业机器人系统集成 工业机器人系统建模及机械基础
	2　工业机器人校对与调试	2.1　工业机器人零点标定	2.1.1　能熟练使用工业机器人各关节零点标定杆和标定板 2.1.2　能熟练按步骤标定工业机器人各关节轴零点	2.1.1　了解工业机器人零点标定的情况 2.1.2　了解工业机器人各轴的零点位置 2.1.3　了解工业机器人在运行前进行零点标定的意义	工业机器人基础及现场编程
		2.2　工业机器人校准异常判读与分析	2.2.1　能熟练辨识误差离散值较大等校准异常现象 2.2.2　能熟练分析参数补偿偏差等异常现象产生的原因	2.2.1　了解工业机器人关节轴校准的注意事项 2.2.2　了解校准异常现象	工业机器人维护实训
		2.3　工业机器人校准故障处理	2.3.1　能熟练处理校准设备通信不良等故障 2.3.2　能按要求熟练更换校准设备相关配件	2.3.1　PROFIBUS通信原理 2.3.2　PROFINET通信原理	现场总线技术与工业以太网

续　表

X证书	工作领域	工作任务	技能要求	知识要求	课程
	3　工业机器人操作与编程	3.1 运用示教器完成工业机器人复杂动作的编程	3.1.1　能完成焊接工作站的I/O信号配置及参数设置 3.1.2　能合理设置中间过渡点优化系统节拍 3.1.3　能通过手动、自动模式控制工业机器人末端执行器对工件进行焊接、打磨抛光等操作 3.1.4　能通过编程控制焊接、打磨抛光等复杂工艺周边外围设备进行协同运动	3.1.1　绝对坐标实现引导 3.1.2　视觉装配工作站调试运行注意事项 3.1.3　焊接信号配置及参数设置 3.1.4　焊接工件坡口形式 3.1.5　焊接机器人焊接指令	工业机器人系统集成 工业机器人基础及现场编程
		3.2 工业机器人周边设备编程	3.2.1　能完成视觉系统的硬件连接及软件安装 3.2.2　能完成视觉相机的网络配置与连接 3.2.3　能完成视觉识别的软件设置	3.2.1　变位机的构成及作用 3.2.2　对接变位机焊接编程与调试注意事项 3.2.3　力觉传感器的应用 3.2.4　抛光工作站编程与调试 3.2.5　打磨工作站编程与调试	工作站系统集成实训

续　表

X证书	工作领域	工作任务	技能要求	知识要求	课程
	4 工业机器人系统故障诊断	4.1 常用电机故障诊断	4.1.1　能够分析电机通电不运行的原因并排除故障 4.1.2　能够分析电机启动困难、电机转速远低于额定转速的原因并排除故障 4.1.3　能够分析电机空载、电流不平衡的原因并排除故障 4.1.4　能够分析电机运行时响声不正常的原因并排除故障 4.1.5　能够分析电机运行时振动较大的原因并排除故障 4.1.6　能够分析电机运行中过热的原因并排除故障	4.1.1　了解工业机器人常规检查项目 4.1.2　工业机器人常见运行参数 4.1.3　更换电动机与减速机的注意事项 4.1.4　了解控制柜定期检查与维护内容 4.1.5　了解常见振动噪声的产生原因 4.1.6　常见振动噪声的故障说明 4.1.7　电动机过热的常见原因 4.1.8　电动机过热故障诊断与处理 4.1.9　工业机器人齿轮箱漏油的原因	工业机器人综合系统维修维护实训 工作站系统集成实训
		4.2 常用传感器故障诊断	4.2.1　能够熟练根据位置传感器故障现象分析判断故障原因并排除 4.2.2　能根据视觉传感器故障现象分析判断故障原因并排除 4.2.3　能根据力觉传感器故障现象分析判断故障原因并排除	4.2.1　位置传感器的基本作用 4.2.2　位置传感器产生故障的原因 4.2.3　视觉传感器产生故障的原因 4.2.4　视觉传感器故障诊断与排除 4.2.5　力觉传感器产生故障的原因 4.2.6　力觉传感器故障诊断与排除	传感检测与PLC应用技术 工作站系统集成实训

广西工业职业技术学院工业机器人技术专业是第二批获批的工业机器人操作与运维 1+X 试点证书专业，全面贯彻执行教育部等部门联合印发《关于在院校实施“学历证书 + 若干职业技能等级证书”制度试点方案》文件。积极探索课证融通途径，在实践中将工业机器人基础及现场编程课程融入工业机器人操作与运维 1+X 试点证书（中级）的培养中，将工业机器人系统集成课程融入工业机器人操作与运维 1+X 试点证书（高级）的培养中。2020 年工业机器人技术专业报名参加 1+X 试点证书工业机器人操作与运维考证 100 人，其中高级 20 人，中级 80 人，已经通过考核 94 人，获证率 94%。

2. 课赛融通，连年获佳绩

把工业机器人系统集成赛项、工业机器人应用技术赛项、服务机器人赛项等内容以模块形式融入课程中，把技能比赛标准、评分细则融入课程标准，实现课赛融通。

获奖证书如图 5-34 所示。

获奖证书

广西工业职业技术学院代表队

在2017年广西职业院校技能大赛 高职 组智能电梯装调与维护项目 团体 赛中荣获三等奖。

选手：黄民康 覃炳钦

指导教师：吴叙 梁倩源

广西壮族自治区教育厅

二〇一七年七月五日

获奖证书

广西壮族自治区代表队

在 2017 年全国职业院校技能大赛高职组 智能电梯装调与维护比赛中荣获团体三等奖。

学校名称：广西工业职业技术学院

选手姓名：黄民康、覃炳钦

指导教师：吴叙、梁倩源

ChinaSkills

全国职业院校技能大赛组织委员会

二〇一七年五月

编号：201700400

获奖证书

广西工业职业技术学院代表队：

在 2018 年广西职业院校技能大赛 高职 组 智能电梯装调与维护 项目 团体 赛中荣获三等奖。

选手：曾毓力 李德兴

指导教师：梁倩源 周雪会

广西壮族自治区教育厅

二〇一八年四月三日

获奖证书

广西壮族自治区四代表队

在 2018 年全国职业院校技能大赛 高职组智能电梯装调与维护比赛中荣获团体 三等奖。

学校名称：广西工业职业技术学院

选手姓名：曾毓力、李德兴

指导教师：梁倩源 周雪会

ChinaSkills

全国职业院校技能大赛组织委员会

二〇一八年五月

编号：201800896

图 5–34 获奖证书

3. 课岗融通，对接企业实际需求

广西工业职业技术学院的 FANUC 工业机器人 C 级资质培训认证是

FANUC 机器人授权的认证培训中心。2018—2019 学年第一学期开设了第一届 FANUC 工业机器人 C 级资质培训班，此次参训的 21 名学员为广西工业职业技术学院 FANUC 机器人培训班的首期学员，培训学时为 80 学时。所有参加培训的学生均获得了 FANUC 公司授予的 C 级资质认证证书，如图 5-35 所示。

图 5-35　学生获 FANUC 公司的 C 级资质认证证书

（二）专业服务社会能力提升

智能制造产业发展迅猛，这也对工业机器人技术专业的建设提出了更高要求。“闭门造车”式专业建设模式显然跟不上当前产业经济的发展步伐，以行业企业的技术与管理人员为支撑，以企业基础设施和真实工作环境为平台，丰富教学资源。同时，为行业企业开展相关职业技能培训，以服务谋合作。

智能制造学院积极开展对外培训服务，先后为广西玉柴机器集团有限公司近 30 名骨干员工开展了 PLC 应用技术、工业机器人应用技术、数控加工技术等项目的培训；为埃塞俄比亚糖业公司 OMO3 糖厂员工进行 PLC 应用技术、DCS 应用技术培训；为广西中烟工业有限责任公司南宁卷烟厂的 20 多名员工开展 PLC 高级应用技术的培训；为广西糖业集团有限公司近 200 名骨干员工进行了维修电工、仪表工、汽轮机和锅炉等方面的技术培训；为广西糖业集团有限公司开展了维修电工和仪表工的职业技能竞赛；承担全区总工会的工业机器人技术培训；为广西机电工业学校、广西理工职业技术学校、南宁市第六职业技术学校近 200 名学生开展了 1+X 工业机器人培训和考证，为广西中职院校自动化类 75 位专业教师开展了工业机器人技术培训。通过这些培训为企业培养出了高素质的技术技能型人才，也大大提升了专业群的影响力。

积极开发新技术，与广西玉柴机器集团有限公司合作申报《柴油发动机零部件智能检测系统》，立项 20 万元；与广州因明智能科技有限公司合作《虚拟仿真工厂》项目，立项 15 万元；与广西机械工业研究院合作，立项 2 万元。

第四节　机械制造与自动化专业人才培养方案

机械制造与自动化专业人才培养方案

（三年制）

教学院系：机械工程系

执笔人：度国旭

审核人：吴坚

制定日期：2020 年 5 月 5 日

广西工业职业技术学院教务科研处

2020 年 9 月印制

一、专业名称及代码

专业名称：机械制造与自动化。

专业代码：560102。

二、生源类型

普通高招、自主招生、对口单招。

三、学制与学历

学制：三年。

学历：大专。

四、职业面向

就业面向的行业：机械、自动化设备、重工；仪器仪表、工业自动化；能源；电子技术、半导体、集成电路；汽车及零配件；原材料及加工等行业。

主要就业单位类型：事业单位、国有企业单位、民营企业单位、外资企业单位、合资企业单位等。

主要就业部门：生产一线、现场管理、质检部、工艺部、设计部、采购部、销售部、售后服务部、技术支持部等部门。

可从事的工作岗位：设备操作、产品组装、设备管理及维修、工艺与技术管理、生产计划与管理、质量检验与管理、产品设计、采购与销售、服务与支持等岗位。

表 5-17 为岗位能力分析表。

表 5-17　岗位能力分析表

序号	岗位名称	岗位类别		岗位描述	岗位能力要求	技能证书
		初始岗位	发展岗位			
1	设备操作	操作工	班组长、工段长	负责生产一线设备操作	能熟练操作制造大类常见设备（车床、钻铣床、加工中心、工业机器人、智能制造设备等），并具备一定的设备维护能力	数控车铣工、多轴数控加工职业技能证书

续　表

序号	岗位名称	岗位类别		岗位描述	岗位能力要求	技能证书
		初始岗位	发展岗位			
2	产品组装	装配工	班组长、工段长	负责生产一线的产品组装或设备装配	能看懂中等难度装配图，并能熟练运用生产工具进行产品组装或设备安装	工业机器人集成应用职业技能证书
3	设备管理及维修	电工 点检员 维修员	班组长、部门负责人	负责生产一线的设备点检、维护保养与管理	能进行设备点检及维护保养，能进行电路故障判断和实践，能进行普通设备、数控设备、自动化设备的管理和一般检修	数控设备维护与维修职业技能证书
4	工艺及技术管理	工艺员 技术员	技术骨干、部门经理	负责生产车间的工艺制定和技术管理	能依据指标进行生产工艺制定，能对工艺过程进行监督检查和考核，能在车间主任的领导下进行车间技术管理	数控车铣工、多轴数控加工职业技能证书
5	质量检验与管理	质检员	工段长、部门负责人	负责原料、半成品、成品的质量控制工作	能依据检验标准，熟练使用检验工具对原料、半成品、成品等进行质量验证并能对错漏及违规行为产生的不良后果负责	
6	产品设计	设计员	技术员、部门负责人	负责产品功能、结构、外观等设计，校核设计图纸、出图等工作	能依据需求，熟练使用设计软件进行设计、校验、出图，并能依据规则对设计材料或过程和结果材料进行归档等	Siemens PLM Software Certified Professional

续　表

序号	岗位名称	岗位类别		岗位描述	岗位能力要求	技能证书
		初始岗位	发展岗位			
7	采购与销售	采购员 销售员	部门经理	负责原材料采购和产品销售等工作	能依据规划或需求进行方案拟定和执行，能对物流和物控方面进行合理化建议与执行	
8	服务与支持	技术支持	部门经理	负责售后服务和技术支持	能多渠道、多方式与客户沟通达到服务或支持的目的，具备抗压能力等	

五、培养目标与培养模式

（一）培养目标

本专业培养拥护党的基本路线，德、智、体、美、劳全面发展，具有良好职业素质、实践能力和创新创业意识；掌握机械工程与自动化控制方面的基本知识，设计、加工、控制、集成等方面的专业知识；能在工程或其他领域从事生产、销售、管理等工作，具有团队合作精神和实践能力的高素质技术技能型人才。

高职毕业 3 ～ 5 年的预期成绩：

（1）能独立从事机械工程与自动化控制系统的运行维护、开发设计、升级改造、系统集成等方面的工作。

（2）能系统运用工程及控制方面的知识和技能进行合作和创新，领导或参与解决集体或社会方面的技术和商业挑战。

（3）能通过自学或继续教育等方式在工程或其他领域获得持续性的发展。

（二）人才培养模式

与企业合作，实施“1+X”证书制度试点工作，将初、中、高三个等级的证书考核标准融入人才培养方案，政校行企“四轴”联动，驱动课程设置柔性化、教学资源柔性化、教学组织柔性化，培养“工程化、特色化、定制化”的高素质技术技能型人才，形成“四轴联动、柔性共育、四阶递进”的人才培养模式（图5-36）。

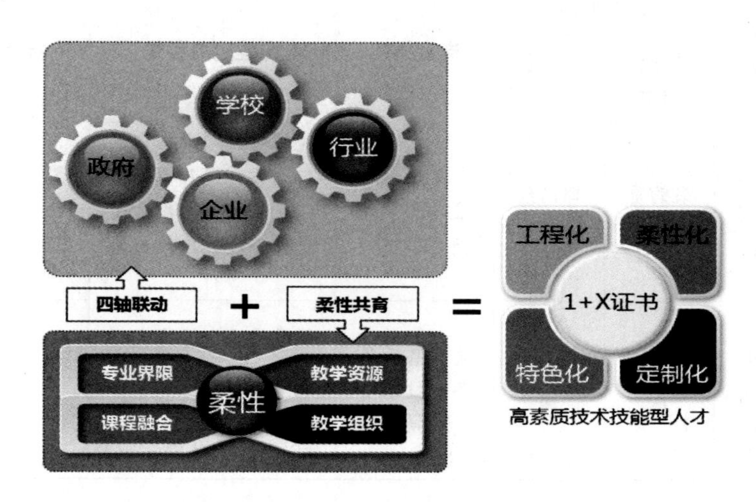

图 5-36　“四轴联动、柔性共育、四阶递进”的人才培养模式

引入新技术、新工艺和新规范构建课程体系和标准，根据不同的企业开发不同专业方向的职业技能等级能力课程模块。

六、教学进程总体安排

教学进程总体安排如表 5-18 所示。

表 5-18　教学进程总体安排表

序号	课程名称	课程类别	课程性质	学时	学分	学期	考核方式
1	思想道德修养与法律基础	必修	公共基础	48	3.0	一	考查
2	毛泽东思想和中国特色社会主义理论体系概论	必修	公共基础	64	4.0	二	考查
3	形势与政策	必修	公共基础	16	1.0	一/二/三/四/五	考查

续　表

序号	课程名称	课程类别	课程性质	学时	学分	学期	考核方式
4	安全教育	必修	公共基础	24	1.5	一／二／三／四／五／六	考查
5	体育与职业体能	必修	公共基础	96	4.0	一／二	考查
6	美育课程	必修	公共基础	32	2.0	一	考查
7	大学英语	必修	公共基础	96	6.0	一／二	考试
8	高等数学	必修	公共基础	64	4.0	一	考试
9	计算机应用基础	必修	公共基础	64	4.0	二	考查
10	大学语文	必修	公共基础	32	2.0	二	考试
11	中华优秀传统文化	必修	公共基础	32	2.0	一	考查
12	大学生心理健康教育	必修	公共基础	32	2.0	二	考查
13	就业指导与创新创业	必修	公共基础	40	2.5	一／二／三／四／五／六	考查
14	劳动课程	必修	公共基础	48	1.0	一／二／三／四	考查
15	机械制图	必修	专业基础	120	7.5	一／二	考试

续　表

序号	课程名称	课程类别	课程性质	学时	学分	学期	考核方式
16	机械工程设计基础	必修	专业基础	132	8.5	二 / 三	考试
17	工业机器人应用技术	必修	专业核心	102	6.5	四	考试
18	液压气动与自动控制	必修	专业核心	164	10.5	二 / 三	考试
19	机械制造技术	必修	专业核心	136	8.5	三 / 四	考试
20	数控加工技术	必修	专业核心	102	6.5	三	考试
21	数控机床原理与维修	必修	专业核心	68	4.5	四	考试
22	自动化生产线安装与调试	必修	专业核心	136	8.5	三 / 四	考试
23	人文素质	限选	专业拓展	28	2.0	一	考查
24	公差配合与技术测量	限选	专业拓展	64	4.0	二	考试
25	电工电子技术	限选	专业拓展	56	4.0	一	考试
26	机电设备控制技术	限选	专业拓展	68	4.0	三	考试
27	三维建模与创新设计	限选	专业拓展	56	4.0	一	考试
28	认识实习	必修	公共实践	25	1	一	考查

续　表

序号	课程名称	课程类别	课程性质	学时	学分	学期	考核方式
29	军事理论及军事训练	必修	公共实践	50	2	一	考查
30	工程实践训练（钳工）	必修	专业实践	50	2	一	考查
31	零部件测绘与拆装技能训练	必修	专业实践	25	1	二	考查
32	工程实践训练（机加工）	必修	专业实践	50	2	二	考查
33	生产实习	必修	专业实践	50	2	三	考查
34	智能制造综合实训	必修	专业实践	50	2	四	考查
35	毕业设计	必修	专业实践	100	6	五	考查
36	毕业教育	必修	专业实践	25	1	六	考查
37	跟岗实习	必修	专业实践	75	3	五	考查
38	顶岗实习（一）	必修	专业实践			五	
39	顶岗实习（二）	必修	专业实践	360	12	六	考查

七、“1+X”课证融合实施表

表 5-19 是“1+X”课证融合实施表。

表 5-19 “1+X”课证融合实施表

1+X证书	工作任务	课程	考核要求
数控车铣加工（中级）职业技能等级要求	1. 工艺文件识读与执行	机械制图	能根据机械制图国家标准及零件图，正确识读零件形状特征、零件加工精度、技术要求等信息
		机械制造技术	1. 能根据车铣配合件加工工作任务要求和机械加工过程卡，分析车铣配合件加工工艺，并能对车铣配合件加工工艺进行优化调整 2. 能根据机械加工工艺规范及车铣配合件机械加工过程卡，根据现场提供的数控机床及工艺设备，完成车铣配合件数控加工工序卡的编制 3. 能根据机械加工工艺规范及车铣配合件机械加工过程卡，根据现场提供的数控机床及工艺设备，完成车铣配合件刀具卡的编制 4. 能根据车铣配合件 CAM 编程及数控机床调整情况，填写数控加工程序卡
	2. 车削零件数控编程	三维建模与创新设计	能根据车削件零件图，使用计算机和 CAD/CAM 软件，完成车削件的三维造型
		数控加工技术	1. 能根据工作任务要求和数控编程手册，使用计算机和 CAD/CAM 软件，完成车削件 CAM 软件编程 2. 能根据工作任务要求和数控编程手册，使用计算机和 CAD/CAM 软件，完成车削件加工仿真验证 3. 能根据数控车系统说明书，选用后置处理器，生成数控加工程序

续 表

1+X 证书	工作任务	课程	考核要求
	3. 铣削零件数控编程	三维建模与创新设计	能根据零件图，使用计算机和 CAD/CAM 软件，完成铣削件的实体和曲面造型
		数控加工技术	1. 能根据工作任务要求和数控编程手册，使用计算机和 CAD/CAM 软件，进行编程参数设置，生成曲线、平面轮廓、曲面轮廓、平面区域、曲面区域、三维曲面等刀具轨迹，完成铣削件 CAM 软件编程 2. 能根据工作任务要求和数控编程手册，使用计算机和 CAD/CAM 软件，完成铣削件加工仿真验证，能进行程序代码检查、干涉检测、工时估算 3. 能根据数控铣系统说明书，选用后置处理器，生成数控加工程序
	4. 车铣配合件加工准备	机械制图	能根据机械制图国家标准及车铣配合件的零件图和装配图，完成车铣配合件装配工艺的分析
		机械制造技术	能根据加工工艺文件要求，完成刀具、量具和夹具的选用
		数控加工技术	1. 能根据数控机床安全操作规程、车铣配合件的加工工艺要求，使用通用或专用夹具，完成工件的安装与夹紧 2. 能根据数控机床操作手册，遵循数控机床安全操作规范，使用刀具安装工具，完成刀具的安装与调整
	5. 车铣配合件加工	机械制造技术	能根据生产管理制度及班组管理要求，执行机械加工的生产计划和工艺流程，协同完成生产任务，形成团队合作意识

续 表

1+X证书	工作任务	课程	考核要求
		数控加工技术	1. 能根据车铣配合件的加工工艺文件和数控机床操作手册，完成数控机床工件坐标系的建立 2. 能根据数控机床操作手册和加工工艺文件要求，使用计算机通信传输程序的方法，完成数控加工程序的输入与编辑 3. 能根据车铣配合件的加工工艺文件及加工现场情况，完成刀具偏置参数、刀具补偿参数及刀具磨损参数设置 4. 能根据车铣配合件加工要求，使用数控机床完成零件的车铣配合加工，加工精度达到如下要求。 轴、套、盘类零件的数控加工： （1）尺寸公差等级：IT7 （2）形位公差等级：IT7 （3）表面粗糙度：1.6 微米 普通三角螺纹的数控加工： （1）尺寸公差等级：IT7 （2）表面粗糙度：1.6 微米 内径槽、外径槽和端面槽零件的数控加工： （1）尺寸公差等级：IT7 （2）形位公差等级：IT7 （3）表面粗糙度：3.2 微米 平面、垂直面、斜面、阶梯面等零件的数控加工： （1）尺寸公差等级：IT7 （2）形位公差等级：IT7 （3）表面粗糙度：3.2 微米 平面轮廓加工： （1）尺寸公差等级：IT7 （2）形位公差等级：IT7 （3）表面粗糙度：1.6 微米 曲面加工： （1）尺寸公差等级：IT914 （2）形位公差等级：IT9 （3）表面粗糙度：3.2 微米 孔系加工： （1）尺寸公差等级：IT7 （2）形位公差等级：IT7 （3）表面粗糙度：3.2 微米 5. 能根据车铣配合件加工工艺文件要求，运用配合件关键尺寸精度控制方法，完成关键尺寸精度的加工控制

续　表

1+X证书	工作任务	课程	考核要求
	6. 零件加工精度检测与装配	公差配合与技术测量	1. 能对游标卡尺、千分尺、百分表、千分表、万能角度尺等量具进行校正 2. 能根据零件图、机械加工工艺文件要求，使用相应量具或量仪，完成车铣配合件加工精度的检测 3. 能遵循机械零部件检验规范，完成机械加工零件自检表的填写，能正确分类存放和标识合格品和不合格品
		工程实践训练（钳工）	能根据车铣配合件装配工艺要求，使用常用装配工具，完成车铣配合件的装配与调整
	7. 数控车床一级保养	数控加工技术	1. 能根据数控车床维护手册，使用相应的工具和方法，完成数控车床主轴、刀架、卡盘和尾座等机械部件的定期与不定期维护保养 2. 能根据数控车床维护手册，使用相应的工具和方法，完成数控车床电气部件的定期与不定期维护保养 3. 能根据数控车床维护手册，使用相应的工具和方法，完成数控车床液压气动系统的定期与不定期维护保养 4. 能根据数控车床维护手册，使用相应的工具和方法，完成数控车床润滑系统的定期与不定期维护保养 5. 能根据数控车床维护手册，使用相应的工具和方法，完成数控车床冷却系统的定期与不定期维护保养
	8. 数控铣床一级保养	数控加工技术	1. 能根据数控铣床维护手册，使用相应的工具和方法，完成数控铣床主轴、工作台等机械部件的定期与不定期维护保养 2. 能根据数控铣床维护手册，使用相应的工具和方法，完成数控铣床电气部件的定期与不定期维护保养 3. 能根据数控铣床维护手册，使用相应的工具和方法，完成数控铣床液压气动系统的定期与不定期维护保养 4. 能根据数控铣床维护手册，使用相应的工具和方法，完成数控铣床润滑系统的润滑油泵、分油器、油管等的定期与不定期维护保养 5. 能根据数控铣床维护手册，使用相应的工具和方法，完成数控铣床冷却系统中冷却泵、出水管、回水管及喷嘴等的定期与不定期维护保养

续 表

1+X 证书	工作任务	课程	考核要求
	9. 数控机床故障处理	数控加工技术	1. 能根据数控机床故障诊断理论，运用数控机床故障分析的基本方法，通过观察、监视机床实际动作，发现数控机床润滑方面的故障，完成润滑故障处理 2. 能根据数控机床故障诊断理论，运用数控机床故障分析的基本方法，通过观察、监视机床实际动作，发现数控机床冷却方面的故障，完成冷却故障处理 3. 能根据数控机床故障诊断理论，运用数控机床故障分析的基本方法，通过观察、监视机床实际动作，发现数控机床排屑方面的故障，完成切屑故障处理 4. 能根据数控系统的提示，使用相应的工具和方法，完成数控车床润滑油过低、软限位超程、电柜门未关、刀架电机过载等一般故障处理 5. 能根据数控系统的提示，使用相应的工具和方法，完成数控铣床的气压不足、G54 零点未设置、刀库清零、刀库电机过载、冷却电机过载等一般故障处理
	10. 数控机床误差补偿	数控加工技术	1. 能根据数控系统使用说明书，使用自适应补偿功能，完成机床的热误差自适应补偿 2. 能根据数控系统使用说明书，运用检测工具，完成热误差补偿之后的数控机床检测 3. 能根据数控系统使用说明书，运用误差分析及补偿工具，完成机床直线度误差补偿 4. 能根据数控系统使用说明书，运用误差分析及补偿工具，完成机床俯仰误差补偿
	11. 数控机床远程运维服务	智能制造综合实训	1. 能根据数控机床远程运维操作手册，完成数控机床远程运维平台的连接 2. 能根据数控机床远程运维操作手册，使用远程运维平台，完成数控机床设备工作状态、生产情况的远程监控 3. 能根据数控机床远程运维操作手册，使用远程运维平台，完成数控机床工作效率的统计 4. 能根据数控机床远程运维操作手册，使用远程运维平台，及时发现和处理报警信息

续　表

1+X证书	工作任务	课程	考核要求
	12. 智能制造工程实施	智能制造综合实训	1. 能根据企业智能制造工程实施具体案例，辨识离散型智能制造模式与流程型智能制造模式 2. 能根据企业网络协同制造模式实施具体案例，能分析网络协同制造模式实施的 2 ～ 3 个要素条件 3. 能根据企业大规模个性化定制模式实施具体案例，能分析大规模个性化定制模式实施的 2 ～ 3 个要素条件 4. 能根据企业远程运维服务模式实施具体案例，能分析远程运维服务模式实施的 2 ～ 3 个要素条件

八、专业教学基本要求

（一）专业教学团队基本要求

专业建议师生比 24 ∶ 1 左右，企业兼职教师参与授课的课时占专业课时比 50% 以上，专、兼职教师比例一般为 2 ∶ 1。专业教师与企业兼职教师任教资格及水平要求如下：

1. 专业带头人

除满足专任教师应具备的基本条件外，专业带头人应具有 5 年以上的教学经验，熟悉高职教育规律，具备工业机器人技术应用的能力，实践经验丰富，教学效果良好，在行业企业有一定影响力，是具有高级职称的“双师型”教师。

2. 骨干教师

教学经验丰富，具有一定的工业机器人行业从业经验，熟悉高职教育规律，由学校专任教师组成。专任教师主要负责工业机器人技术专业基本技能课程与工业机器人技术专业核心技能课程的教学；企业兼职教师主要负责专业核心技能课程的教学与实习指导。

3. 专业教师

承担理论实践一体化课程、工学结合课程、教学做一体化课程的教师应为“双师型”教师。要求专业教师每两年到工业机器人相关的企业一线实践一个月，制定教师利用假期到生产企业挂职锻炼培训制度，通过挂职锻炼，提高工业机器人实践能力，收集案例资料，学习工业机器人相关新技术、新工艺、新设备，丰富教学内容。

4. 兼职教师

兼职教师包括课程任课教师和顶岗实习指导教师。聘请具有机器人技术的工程师、技师职业资格及以上的工业机器人专业技术人员，现岗在企业及连续工作 5 年以上，在专业技术与技能方面具有较高水平，具有良好的语言表达能力，通过培训合格后，主要承担工业机器人实训教学或顶岗实习指导教师工作。

5. 年龄结构

工业机器人技术专业是一个发展十分迅速的应用型专业，与一些传统专业不同，它需要教师具有较强的获取、吸收、应用新知识、新技术的能力。年龄在 50 岁以下的教授及 35 岁以下的副教授分别占教授和副教授的比例要适宜，中青年教师所占的比例要高。

6. 学历（学位）和职称结构

具有研究生学历、硕士以上学位和讲师以上职称的教师要占专职教师比例的 80% 以上，具有副高级以上职称的专职教师要占 20%。

（二）专业设施条件基本要求

实训室建设依据职业岗位的要求，按照生产流程、生产工艺、生产环境建设实训室，并完善相应的实训室管理制度和实训教学资料，对学生的实训要求与企业标准一致。在校内建成具有真实工作环境的，融“教、学、做”于一体、多功能、综合性实训中心，实现课堂与实习地点的一体化，满足学生技能训练、生产性实训、职业培训、技能鉴定和社会服务等需求，即将工厂“搬进”校园。

校内实训室基本要求如表 5-20 ～表 5-25 所示。

表 5-20 数控加工实训室

实训室名称	数控加工实训室	面积要求	1500 平方米
核心功能	主要用于培养学生针对机械行业的工程问题，能够使用数控加工设备、柔性工作站等设备，编制加工工艺及加工程序，并操作数控加工设备完成零件加工的能力，以分组形式进行项目化教学，并在学习过程中遵守企业安全操作标准及规范		

续　表

实训室名称	数控加工实训室	面积要求	1500 平方米
序号	核心设备		备注
1	数控车床		
2	数控铣床		
3	三轴加工中心		
4	四轴加工中心		
5	电火花线切割机		
6	电火花成型机		
7	注塑机		
8	冲床		
9	工业机器人		

表 5-21　数控维修实训室

实训室名称	数控维修实训室	面积要求	150 平方米
核心功能	主要用于培养学生针对机械制造领域的广义工程问题，应用机械及控制原理的相关知识，设计控制系统，能够对基本数控车床、数控铣床及冲床进行典型控制线路安装、调试与故障排查的能力，以分组形式进行项目化教学，并在学习过程中遵守企业用电及安全操作标准及规范		
序号	核心设备		备注
1	数控维修平台		多平台
2	机械设备拆装与控制技术实验台		

表 5-22　数控仿真实训室

<table>
<tr><td>实训室名称</td><td colspan="2">数控仿真实训室</td><td>面积要求</td><td>200 平方米</td></tr>
<tr><td>核心功能</td><td colspan="4">主要用于培养学生针对机械制造领域的广义工程问题，能合理选择和应用恰当的技术、资源、现代工具和信息化技术手段，使用计算机辅助设计软件，进行 CAD、CAM 设计与制造的能力</td></tr>
<tr><td colspan="2">序号</td><td colspan="2">核心设备</td><td>备注</td></tr>
<tr><td colspan="2">1</td><td colspan="2">计算机</td><td></td></tr>
<tr><td colspan="2">2</td><td colspan="2">配套软件</td><td></td></tr>
</table>

表 5-23　精密测量实训室

<table>
<tr><td colspan="2">实训室名称</td><td>精密测量实训室</td><td>面积要求</td><td>150 平方米</td></tr>
<tr><td colspan="2">核心功能</td><td colspan="3">主要用于培养学生针对机械制造领域的广义工程问题，理解和掌握机械制图及公差基本知识，能够使用常用工具进行零件测绘并进行绘图的能力</td></tr>
<tr><td>序号</td><td colspan="2">核心设备</td><td>数量要求</td><td>备注</td></tr>
<tr><td>1</td><td colspan="2">三坐标测量机</td><td>1</td><td></td></tr>
<tr><td>2</td><td colspan="2">偏摆仪</td><td>8</td><td></td></tr>
</table>

表 5-24　机械基础实训室

实训室名称	机械基础实训室	面积要求	150 平方米
核心功能	主要用于培养学生针对机械制造领域的广义工程问题，根据机械设计手册中的相关规范，通过文献检索，能选取相关数据，理解和掌握金属材料、机械结构的基本原理及知识，能够将其应用于基本机械机构的设计的能力		
序号	核心设备	数量要求	备注
1	拉伸机	4	
2	热处理设备	10	
3	显微镜	10	
4	硬度计	10	

表 5-25　机加工实训室

实训室名称	机加工实训室	面积要求	500 平方米
核心功能	主要用于培养学生针对机械行业的工程问题，能够使用普通车床、铣床、钻床等设备，编制加工工艺，并操作普通机床完成零件加工的能力，并在学习过程中遵守企业安全操作标准及规范		
序号	核心设备	数量要求	备注
1	普通车床	6	
2	普通铣床	8	
3	刨床	2	
4	钻床	2	
5	磨床	1	
6	钳工台	20	

校外实习基地基本要求如表 5-26 所示。

表 5-26　机械制造与自动化专业校外实习基地

序号	校外实训基地名称	合作企业名称	用途	合作深度要求
1	广西工业职业技术学院校外实训基地	广州数控设备有限公司	认识及顶岗实习	1. 结合学院需求，企业人员可参与专业建设与咨询 2. 企业每年接收相关专业顶岗实习的学生不少于 30 名 3. 企业每年接收相关专业认识实习、专业实习的学生不少于两批 4. 学院每两年聘请承担校内外专业行业实践教学的企业高素质、高技能人员不少于 1 名 5. 学院优先承担企业技术人员的进修培训 6. 结合企业需要，学院不定期为企业提供有偿的现场技术服务与技术咨询
2	广西工业职业技术学院校外实训基地	广西机械工业研究院	认识及顶岗实习	
3	广西工业职业技术学院校外实训基地	广西景和停车设备有限责任公司	认识及顶岗实习	
4	广西工业职业技术学院校外实训基地	桂林机床电器有限公司	认识实习	
5	广西工业职业技术学院校外实训基地	桂林海威船舶电器有限公司	认识实习	
6	广西工业职业技术学院校外实训基地	广西建工集团建筑机械制造有限责任公司	认识及顶岗实习	
7	广西工业职业技术学院校外实训基地	南宁发电设备总厂	认识实习	
8	广西工业职业技术学院校外实训基地	中国铝业广西分公司	认识实习	
9	广西工业职业技术学院校外实训基地	桂林正菱第二机床有限责任公司	认识实习	

注：用途指认识实习、生产性实训、顶岗实习等。

（三）教学资源

专业基础课及专业课优先选用自编教材，如《机械制图》《机械制造技术》《液压气动与自动控制》《数控技术》《公差与配合》等，可实现与学院现有实训条件的优化配置及配合，提高利用率和实训效果，还可选择高职高专规划教材，如《电工电子技术》《自动化生产线安装与调试》等，借鉴优质资源。

数字化资源如表 5–27 所示。

表 5–27　数字化资源列表

序号	数字化资源名称
1	工院云课堂
2	机械工程系软件仓库
3	机械工程系资源平台
4	机械工程系网络存储平台
5	机械工程系在线考试系统
6	机械工程系资源文件列表

（四）教学建议

教学方法、手段与教学组织形式依据不同课程或实践内容，按本专业对应年级的教学大纲实施。

（1）深入贯彻“以就业为导向，产学结合”的指导思想，教学方法多样化，充分发挥案例教学、形象教学、模拟教学、实践教学等教学方法，以学生为主体，以更易于学生接受知识、掌握技能为目标，使学生在“知识、能力、素质”三个方面协调发展。

（2）充分应用新技术、新手段，发挥工院云课堂的过程评价优势，促使学生变被动为主动，引导学生把手机玩具转化为手机导师，提升学生的兴趣和黏性。

（3）依据教学大纲，结合学生的实际情况，采取合理有效的教学组织形式，如微课、慕课等，培养学生的终身学习习惯和获取知识与技能的能力。

（五）学习评价

（1）评价的目的：从注重甄别转变为注重激励、诊断与反馈。

（2）评价模式：终结性评价与过程性评价相结合；个体评价与小组评价相结合；理论学习评价与实践技能评价相结合；素质评价、知识评价、能力（技能）评价并重。

（3）评价方式：鼓励或激励教师采用学院云课堂平台进行课堂教学，同时依托云平台采取多样式的评价方式，如书面考试、观察、口试、现场操作、提交案例分析报告、工件制作等，进行整体性、过程性和情境性评价。

（4）评价结果的反馈：通过及时反馈，促进学生全面发展。

（六）质量管理

学生需得到基础研究和应用研究的训练，具有扎实的基础理论知识和实践技能，动手能力强、综合素质高；掌握科学的思维方法，具备较强的自主学习能力，具有探索精神、创新能力和优秀的科学品质。

九、毕业要求

表 5–28 为培养目标具体内容，表 5–29 为毕业要求，表 5–30 为毕业应获取的职业技能（资格）证书。

表 5–28　机械制造与自动化专业培养目标

序号	具体内容
A	掌握扎实的工程知识和专业技能，并能够按照国标、企标、规范要求等解决机械工程领域的广义工程问题，独立或合作制定有效的工程技术或管理解决方案，并具有创新意识、质量意识和标准意识；具备初步进行新产品、新工艺、新装备的研究、设计与开发或项目管理能力和担当机械工程师、工艺师或项目主管的能力
B	能够熟练使用中文、英文撰写项目报告，针对机械工程领域广义工程问题进行有效的沟通与交流；能够在团队协作中，发挥组织、沟通和协调作用
C	能够爱岗敬业、诚实守信、践行社会主义核心价值观，严格遵循各类标准、规范要求，实事求是，精益求精，具有良好的道德修养、社会责任感、职业精神和团队合作精神
D	具有较强的竞争意识，能够通过继续教育或职业培训持续学习和更新知识，提升自身能力；具有适应制造行业和社会发展的能力
E	立足南宁，服务广西，辐射泛北部湾区域，能够为装备制造行业的发展做出贡献

表 5-29　机械制造与自动化专业毕业要求

序号	毕业能力要求	对应的培养目标
1	基础工程能力：能够综合运用工程数学、专业英语、电工电子、机械原理等基础及专业理论知识，解决机械工程领域的广义工程问题	A
2	专业素质能力：能够应用科学基本原理，构建工程问题模型，通过文献检索进行识别、表达和分析产品设计制造工程问题；能够综合运用机械和自动控制技能，进行系统的运行维护、开发设计、升级改造；能够从行业标准、规范准则、数据库以及文献中定位、检索和选取相关的数据，设计解决方案并进行试验和开展研究，以得出合理有效的结论。在分析、研究、设计、实施过程中，能够使用恰当的技术、资源、现代工具和信息化技术手段，并能理解过程中使用的技术、手段、工具的局限性	ABE
3	通识能力：能够理解、分析和评价针对机械制造领域广义工程问题的技术实践和解决方案可能对社会、健康、安全、法律、文化以及环境和社会可持续发展的影响	BC
4	职业素质能力：具有一定的人文社会科学素养、正确的政治立场和社会责任感，能够理解并遵守职业道德规范，能够在机械工程实践中自觉遵守法律法规和相应的行业规范	CE
5	团队协作能力：在机械工程活动中，能够与业界同行和公众进行有效的沟通，能够在多学科交叉的环境下进行项目管理；能够在多样性的团队中，作为个体成员或负责人有效参与或组织工作，尊重多元化观点	B
6	学习能力：能充分认识终身学习的重要性，具有良好的学习习惯和自主学习、终身学习的意识和能力，能够使用科学方法、利用各种资源进行自我知识和能力更新，具有一定的创新精神和创业能力	D

表 5-30　毕业应获取的职业技能（资格）证书

序号	职业资格证书	考证要求	发证机关
1	电工特种作业操作证	必考	南宁市安全生产监督管理局
2	维修电工（四级）	选考	国家人社部
3	“1+X”数控车铣加工中、高级	选考	教育部
4	AutoCAD	选考	Autodesk 公司
5	UG	选考	Siemens 公司
6	全国计算机等级考试二级	选考	教育部
7	英语 B 级、全国大学英语四级	选考	教育部

十、2020 级机械制造与自动化专业课程设置与教学时间安排

广西工业职业技术学院 2020 级机械制造与自动化专业课程设置与教学时间安排如表 5-31 所示。

表 5-31　广西工业职业技术学院 2020 级机械制造与自动化专业课程设置与教学时间安排表

广西工业职业技术学院2020级机械制造与自动化专业课程设置与教学时间安排表

专业：机械制造与自动化
学制：三年制
制定日期：2020.3.24

校历和周数分配表

月份	九月					十月			十一月					十二月					一月				二月			
学年 进程	1	2	3	4	5	6	7	8	9	10	11	12	13	14	15	16	17	18	19	20	21	22	23	24	25	26
第一学年	×	★	★																○	:	×	×	×	×	×	×
第二学年	×																○	○	○	:	×	×	×	×	×	×
第三学年	×	√	√	√	√	○	○	○										□	□	:	×	×	×	×	×	×

月份	三月					四月				五月				六月					七月				八月				理论教学	考试	虚拟职业环境	真实职业环境	职业素养训练	机动	假期	入学教育/毕业教育	合计
学年 进程	27	28	29	30	31	32	33	34	35	36	37	38	39	40	41	42	43	44	45	46	47	48	49	50	51	52	周	:	○	●	√	□	×	★	
第一学年																○	○	○	:	×	×	×	×	×	×	×	49	2	4					2	
第二学年	×																√	√	:	×	×	×	×	×	×	×	53	2	3		2				
第三学年	★	●	●	●	●	●	●	●	●	●	●	●	●	●	●	●	●	●		×	×	×	×	×	×	×	4	6	2	23		2		1	

课程教学进程

课程类型	课程名称	课程性质	考试学期	学分	总学时	学时分配 理论学时	学时分配 实践学时	第一学年 一 (14)	第一学年 二 (16)	第二学年 一 (17)	第二学年 二 (17)	第三学年 一 (3)	第三学年 二 (1)	开课部门
公共基础素质能力模块	思想道德修养与法律基础	必修		3.0	48	32	16	2+1						社科
	毛泽东思想和中国特色社会主义理论体系概论	必修		4.0	64	32	32		2+2					社科
	形势与政策	必修		1.0	16	16	0			1				社科
	安全教育	必修		1.5	24	12	12			2				教务
	体育与职业体能	必修		4.0	96	32	64	2+1	2+1					基础
	美育课程	必修		2.0	32	32		2						教务
	大学英语	必修	1	6.0	96	96		3	3					基础
	高等数学	必修	1	4.0	64	64		4						基础
	计算机应用基础	必修		4.0	64	34	30		4					基础
	大学语文	必修	2	2.0	32	32			2					基础
	中华优秀传统文化	必修		2.0	32	32		2						教育
	大学生心理健康教育	必修		2.0	32	32			2					教务
	就业指导与创新创业	必修		2.5	40	24	16			3				教务
	劳动教育	必修		1.0	48	16	32		1					教务
	课程小计			39.0	688	486	202							
	学分比例			25.7%										
专业（群）基础能力模块	★机械制图	必修	1	7.5	120	60	60	4	4					机械
	★机械工程设计基础	必修	2	8.5	132	126	6		4	4				机械
		必修												
		必修												
		必修												
		必修												
		必修												
		必修												
		必修												
		必修												
		必修												
		必修												
	课程小计			16.0	252	186	66							
	学分比例			10.5%										
专业（群）核心能力模块	工业机器人应用技术	必修	4	6.5	102	72	30				6			机械
	液压气动与自动控制	必修	3	10.5	166	104	62		4	6				机械
	★机械制造技术	必修	3	8.5	136	86	50			4	4			机械
	★数控加工技术	必修	3	6.5	102	50	52			6				机械
	★数控机床原理与维修	必修	4	4.5	68	34	34				4			机械
	自动化生产线安装与调试	必修	4	8.5	136	68	68			4	4			机械
		必修												
		必修												
	课程小计			45.0	710	414	296							
	学分比例			29.6%										
素质与专业能力拓展课程模块	人文素质类课	专业限选		2.0				2						社科
	公差配合与技术测量	专业限选		4.0					4					机械
	电工电子技术	专业限选		4.0				4						机械
	机电设备控制技术	专业限选		4.0						4				机械
	三维建模与创新设计	专业限选		4.0				4						机械
				28.0										
	课程小计			18.0	288									
	学分比例			11.8%										
统计栏														
考试周								1	1	1	1	0	0	
考试门数								3	2	3	3			
实践周数								5	3	2	2	17	19	
周学时（不含任选课）								29	31	28	18	0	0	
总学分、总学时				152.0	2798	1374	1424							
理论与实践学时比例						49%	51%							

集中实践教学进程

学期	职业素养与职业技能训练项目	学分	周数	小时	开课部门
第一学年第一学期	认知实习	1	1	25	教务
	军事理论及军事训练	2	2	50	教务
	工程实践训练（钳工）	2	2	50	机械
				0	
				0	
				0	
第一学年第二学期	零部件测绘与拆装技能训练	1	1	25	机械
	工程实践训练（机加工）	2	2	50	教务
				0	
				0	
				0	
				0	
				0	
				0	
第二学年第一学期	生产实习	2	2	50	机械
				0	
				0	
				0	
				0	
				0	
第二学年第二学期	智能制造综合实训	2	2	50	机械
				0	
				0	
				0	
				0	
				0	
				0	
第三学年第一学期	毕业设计	6	5	100	机械
	毕业教育	1	1	25	机械
	跟岗实习	3	6	75	机械
	顶岗实习（一）		5		机械
第三学年第二学期	顶岗实习（二）	12	19	360	机械
合计		34.0		860	
学分比例		22.4%			

第六章　广西工业职业技术学院智能制造专业群建设发展研究成效

第一节　智能制造专业群建设发展研究成效

一、构建了一个专业群建设发展研究平台

《国家职业教育改革实施方案》(国发〔2019〕4号)提出建设一批资源共享，集实践教学、社会培训、企业真实生产和社会技术服务于一体的高水平职业教育实训基地。《教育部 财政部关于实施中国特色高水平高职学校和专业建设计划的意见》（教职成〔2019〕5号）提出，打造技术技能人才培养高地和技术技能创新服务平台。

为了顺利完成专业群建设发展研究项目，建立了由三个千万元的示范特色及实训基地项目、学院“双高院校”建设项目、广西诊断与改进工作试点单位构成的专业群建设发展研究平台，如图6-1所示。

图6-1　智能制造专业群建设发展研究平台

（一）三个特色示范专业建设项目为研究项目打造专业群实践教学共享平台

2015 年，专业群获广西职业教育工业自动化示范特色专业及实训基地项目（建设经费 1000 万元）。

建设了由虚拟“校中厂”工业机器人汽车生产线综合应用实训室、工业机器人创新创业实训室、自动化技术实训基地、工业机器人基础应用实训室、工业机器人技术仿真实训室组成的工业机器人实训中心。

2016 年，专业群获广西职业教育工业机器人示范特色专业及实训基地项目（建设经费 1000 万元）。

建设了工业机器人铝焊接生产线、工业互联网及云技术实训中心、智能机器人工作站、工业机器人拆装实训室、人工智能实训室等。

2017 年，获广西职业教育机械装备制造技术示范特色专业及实训基地项目（建设经费 1000 万元）。

建设了广西职业教育领先的工业 4.0 柔性生产线教学工厂。

通过三个 1000 万元项目，搭建了一个集教学、培训、生产和技术服务于一体的资源共享型职业教育实训中心，为智能制造专业群的实践教学提供了支撑。

工业机器人拆装实训室、工业机器人技术仿真实训室、工业机器人基础应用实训室、虚拟“校中厂”自动化技术实训基地构成了基础能力训练中心。

工业机器人铝焊接生产线、工业互联网及云技术实训中心、人工智能实训室、智能机器人工作站构成了专业能力训练中心。

工业 4.0 柔性生产线教学工厂、工业机器人创新创业实训室、工业机器人汽车生产线综合应用实训室构成了综合能力训练中心。

（二）高水平专业群建设项目为研究项目打造专业群建设平台

2019 年广西工业职业技术学院获广西高水平高职学校和高水平专业建设项目，其中机械制造与自动化（智能制造）专业群是高水平建设专业群。

几年来，研究项目以智能制造高水平专业群为平台，以智能制造产教综合体为核心，打造了区内领先“产、学、研、训、创、培”融合的智能制造示范平台。

产教综合体占地面积 50 000 平方米，建设经费近 2 亿元，对接广西先进制造业和传统优势产业群，由广西壮族自治区工业和信息化厅和学校牵头，联合玉柴、比亚迪等龙头企业组建“管理委员会”，打造 “政校行企”共建共管共享的“一平台二基地三学院”产教综合体，深入推进“四方”共同制定智能制造人才培养方案，共同研讨智能制造专业群专业设置，共同研发“课证融合”课程，共同开发项目式、活页式教材，共同组建名师名匠引领的教学团队，共同建设智能制造实训基地，共同制定“广工院”特色人才培养质量标准，如图 6–2 所示。在实现多主体互融共生的基础上，围绕产教综合体开展专业群建设。

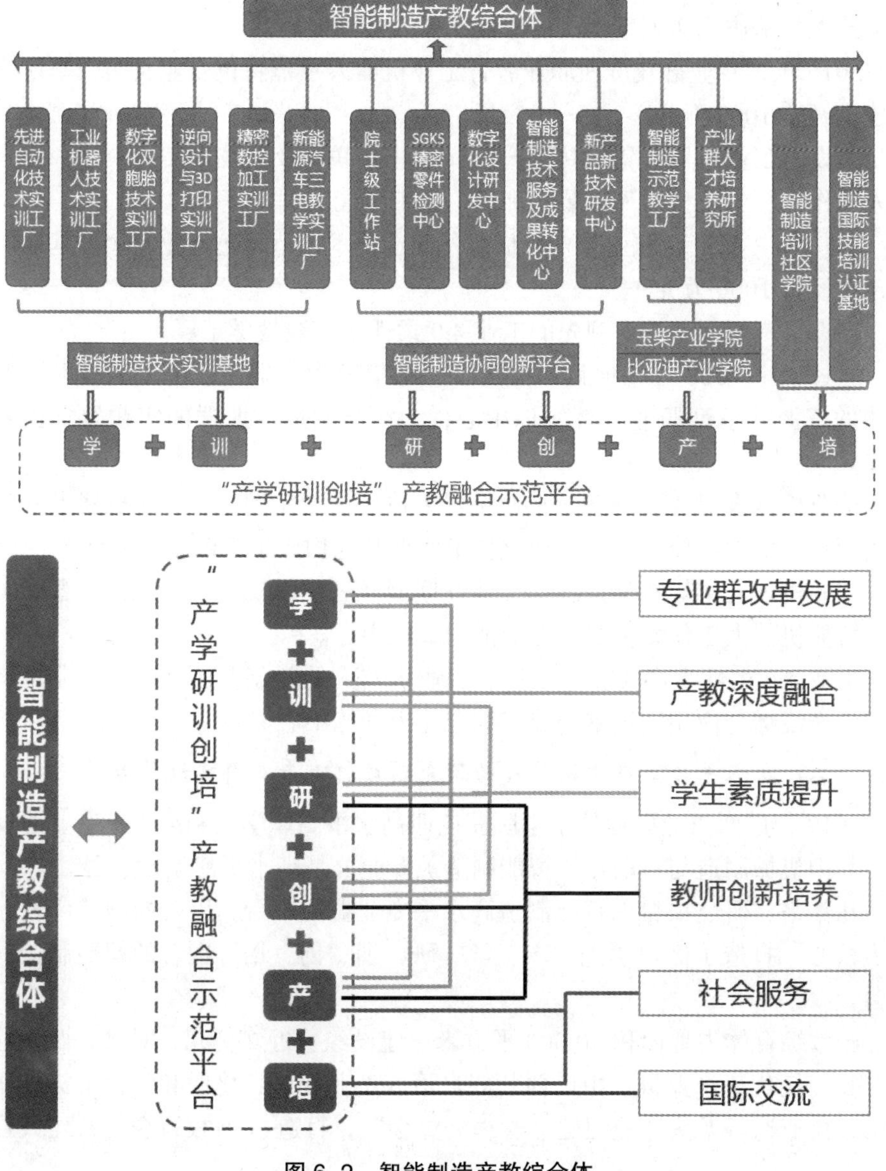

图 6–2　智能制造产教综合体

（三）广西诊断与改进工作试点单位为专业群持续发展提供诊改平台

广西工业职业技术学院是广西诊断与改进工作试点单位秘书长单位，几年来，学校大力开展诊断与改进工作，从学校、师资、专业、课程、学生等维度对专业群建设完成诊改，通过教学诊改，不断为专业群的发展研究充能。

1. 动态调整专业构成，适应产业发展需要

专业群建设与产业发展相辅相成、相伴而生，是动态发展的过程。

2017 年，以《中国制造 2025》为指导，借助信息技术与制造技术的深度融合来推动产业的转型升级以及结构调整，将产业创新作为着力点，广西壮族自治区人民政府办公厅出台了《广西机械工业二次创业实施方案》，加快发展“两企三城”，即加快推动柳工集团和玉柴集团发展，加快推进南宁、柳州、玉林三个智能制造城建设。加快发展新兴产业，为区域经济发展注入新活力，提高重点领域的智能化水平，提升整体实力，增强核心竞争力，完成区域性机械装备生产及出口基地的建设。

2018 年，在桂政办发〔2018〕9 号文中，政府提出打造广西“九张名片”：传统优势产业、互联网经济、优势特色农业、海洋资源开发利用、高性能新材料、生态环保、先进制造业、新一代信息技术、大健康产业。其中，先进制造业这张名片也就是智能制造名片。

2021 年广西出台了实施工业振兴三年行动计划，提出未来三年将实施强企补链扩群行动、产业优化升级行动、工业园区提质升级行动、企业提质增效行动四大行动。

广西出台的工业二次创业、打造广西“九张名片”、工业振兴等计划要求转变经济发展方式、推动产业结构的战略性调整，实现传统装备制造产业转型升级和向中高端迈进；职业院校的专业建设必须对接产业的发展，经济发展方式的转变引起了职业教育人才培养方式的转变，也引发了专业群建设层面的变化。

广西工业职业技术学院的智能制造专业群下辖四个专业：国家高等职业教育创新发展行动计划骨干专业和广西高水平建设专业——机械制造与自动化专业、国家高等职业教育创新发展行动计划骨干专业和广西高水平建设专业——工业机器人技术专业、国家高等职业教育创新发展行动计划骨干专业和广西高水平建设专业——机电一体化技术专业、广西高水平建设专业——机械设计与制造专业。

按照“对接国家战略、聚焦智能设备、服务广西先进制造业、打造人才培养高地”思路，以智能制造产业链——规划、设计、制造、测控、服务为依托，

围绕全生命周期智能制造典型生产环节面向的职业岗位群及技术要求，以专业实力最强的国家骨干专业——机械制造与自动化技术专业为核心，融合工业机器人技术、机械设计与制造、机电一体化技术和电气自动化技术等专业，构建智能制造专业群，旨在培养掌握智能制造技术的高素质技术技能人才，更好地为广西经济社会发展服务。

本专业群以代表着先进智能化生产技术的机械制造与自动化专业为龙头，并结合代表智能化生产线技术方向的机电一体化技术专业、代表先进控制技术方向的电气自动化技术专业、代表先进增材制造技术方向的机械设计与制造专业、代表先进数字化制造技术方向的工业机器人技术专业组成智能制造专业群。

以通用共享平台为基础，不断向专业群内补充新兴专业以及相关衍生专业，完成对专业方向以及专业设置的动态调整，提高专业群对产业发展变化的外部适应性，保持活力。

2. 动态升级专业内涵

紧跟行业新业态、新技术、新变革，准确预估未来产业发展趋势，修订人才培养计划，及时补充产业先进元素到教学内容和标准中，确保培养出的专业人才符合产业新技术、新规范的要求，不被时代发展所淘汰。

例如，在专业基础模块中加入智能制造概论课程，在工业机器人技术专业中加入柔性生产线 MES 管理系统课程，在机械制造与自动化专业中加入数字化双胞胎设计课程，在电气自动化技术专业中加入智能控制课程等。

3. 动态优化评价机制

将教学诊改作为常态制度，以校企合作、产教融合深度以及学生的技能水准、职业素养、就业情况作为主要考量因素，实现诊改内容动态化、诊改主体多元化，保障专业群高效可持续发展。

专业调整动态化，对接区域产业发展趋势，不断挖掘新的专业内涵，及时对教学内容及标准做出调整，融入新技术、新工艺、新规范，推动专业群的持续优化升级。通过对专业不断优化诊改，现已建成创新发展行动计划国家骨干专业三个，其中智能制造专业群成功入选广西特色高水平专业群建设名单。

随着专业群建设发展研究平台的建立，广西工业职业技术学院教师的职业教育研发水平得到显著提升，为推动专业群建设提供了有力支撑。

机械制造与自动化、工业机器人技术、电气自动化技术专业获国家骨干专业，同时是广西高水平建设专业群中的专业，三个自治区级示范特色专业及实训基地通过验收，获首批“广西职业教育智能制造专业群发展研究基地”项目。

二、创新了智能制造专业群产教融合、校企合作的协同发展机制

（一）打造智能制造产业学院，赋能高水平专业群建设

2019年9月，广西工业职业技术学院智能制造专业群和国内500强企业广西玉柴机器集团有限公司强强联合，共建智能制造产业学院，拉开了校企联办、产学融合的序幕。

广西玉柴机器集团有限公司（以下简称“玉柴”）成立于1951年，总部设在广西玉林市，是广西工业职业教育集团成员，国内500强企业，下辖11家子公司，生产基地布局广西、江苏、安徽、山东等地，是中国产品型谱齐全、应用领域广泛的内燃机制造基地，年销售收入超200亿元，发动机年生产能力达60万台。公司拥有亚洲最大、最先进的铸造中心，行业最高效的机加工、装试生产线，先进成型技术与装备国家重点实验室玉柴快速制造基地，先进的内燃机装配调试、铸造、数控加工等智能制造生产线等，为技能型人才的培养提供了全面、先进、实用的“实战”机会。

广西工业职业技术学院是广西高水平高职学校建设单位，其中机械制造与自动化（智能制造）专业群入选广西高水平专业群，学院的专业建设进入快车道。

产业学院的建立为产教深度融合培养技术技能型人才提供了更多可能，落实智能制造专业群对接广西内燃机先进制造产业的技术链，实施学校“双高计划”，建设高水平专业群是学院教学重点工作。

经过几年建设，智能制造产业学院创新构建了校企“六维度”产教深度融合的智能制造人才培养体系，初步形成了产业学院的“玉柴模式”（图6–3）。

图6–3　智能制造产业学院成立

1.智能制造产业学院合作机制建设

本着“相互支持、互惠双赢、共同发展、双向介入、资源共用、优势互补”的原则，成立领导机构与专项小组，构建智能制造产业学院“双主体”合作机制。

（1）成立产业学院校企合作领导机构。

院长：郑琪（学院），蒋飞（玉柴）。

领导小组成员：陶权、梁艳娟（学院），寇传富、刘业通（玉柴）。

职责：推进产业学院体制机制建设，建立健全相关制度，完善校企合作工作运行和管理体系；统筹产业学院校企合作资源，探索多种形式校企合作模式；指导各专项小组开展工作，做好检查督促工作，协调产业学院合作中存在的问题。

（2）产业学院校企合作专项小组。

①校企师资互聘专项小组。

人员：梁艳娟（学院），王涛（玉柴）。

负责企业技能大师到学院授课和学院教师到企业顶岗实践事宜。

②课题申报与攻关专项小组。

人员：陶权（学院），刘业通（玉柴）。

负责有关课题的申报和攻关，为企业解决实际生产问题，提升教师专业水平和科研水平。服务企业，解决技术难题，每年至少解决一个技术难题。

③课程开发及教材建设专项小组。

人员：吴坚（学院），刘先黎、陈堂标（玉柴）。

负责学校和企业课程的相互转化，校企合编活页式、手册式教材。

④企业培训专项小组。

人员：杨铨（学院），莫海文（玉柴）。

负责运用双方资源，面向企业全球服务站以及其他在职人员提供相关业务培训；按现代学徒制相关要求为企业培养准员工。

（3）建立产业学院定期交流机制。每学年校企双方定期举行4～6次产业学院会议，研究产业学院工作任务，解决产业学院运行中的问题。

（4）校企设立“双工作站”。在广西工业职业技术学院挂牌成立“技能大师工作站”，在玉柴挂牌成立“教师工作站”。

依托“教师工作站”，教师到玉柴顶岗实践，帮助专业教师提升专业技能、工程实践能力，加速教师的成长，打造“双师型”教学团队。

依托“技能大师工作站”，发挥企业技能大师在人才培养、专业建设、教学改革和科研项目研究、服务社会的引领作用。

2. 智能制造产业学院产教协同发展机制建设

（1）校企合作协同开发课程。校企共同开发电气维修课程和机械维修课程12门，校企协同建设了PLC应用技术和工业机器人技术两门在线开放课程，并共同编写活页式教材。

校企调动学校和企业资源共建共享《柴油发动机》数字化教学资源。

（2）玉柴员工新技术培训。2020年8月在广西工业职业技术学院为玉柴30多位员工进行博途软件技术应用、PLC通信网络技术、工业机器人基础应用、数控维修技术、3D技术应用、LabVIEW工控软件使用等课程的培训。

（3）校企师资互聘。校内导师负责执教理论课程以及教学的组织管理；企业导师负责该教学任务的企业工作流程或实践操作，将丰富的项目经验和技能传授给学生，对其进行专业示范和指导，提高其实践能力和职业素养。

（4）校企协同攻关、申报科研项目。校企联合向广西壮族自治区工信和信息化厅申报了三项技术攻关项目：《基于智能化生产线防错技术研究及应用》《智能化精加工设备的防撞技术应用研究》《高度自动化复杂设备运行智能化专家诊断系统的开发应用》。

产业学院创新构建了校企“六维度”产教深度融合的智能制造人才培养体系，将“六维度”各要素进行纵向贯穿和横向链接，为解决产教融合不深、校企合作不实的问题探索了一个突破范式（图6–4）。

图6–4　六维度人才培养体系

（二）推广现代学徒制人才培养模式，形成了校企“四合作”机制

1. 实施“圆梦计划”——金光电气自动化现代学徒班

2018年3月，金光集团APP（中国）推出了“圆梦计划”助学项目（图6–5）。

金光集团 APP（中国）为学生提供了优厚的学习、生活条件，公司承担学生三年在校学习的费用，包括学费、书费以及住宿费等，并在每个月为学生提供生活补贴，同时为毕业学生解决就业问题。

图 6-5　现代学徒班开班典礼

校企"全过程、全方位"合作育人。现代学徒制的核心是构建校企双主体协同育人机制，如图 6-6 所示。

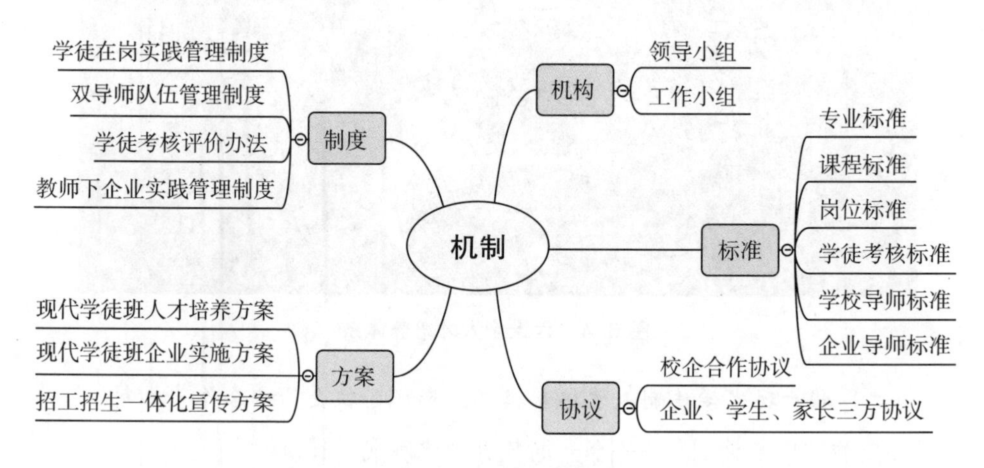

图 6-6　机制建设

（1）机构保障——联席会议制度。为了保证校企合作的现代学徒班的有效开展，建立沟通与反馈机制，双方制定了校企联席会议制度，成立学校工作小组和企业工作小组，学校工作小组由系主任、专业教师和班主任等组成，企业工作小组由培训与发展总经理、企业师傅和企业项目专员组成。成立了金光现代学徒制领导小组和工作小组，每年召开 6 ～ 8 次联席会议。

（2）协议保证——招工招生一体。招生招工计划的确定由学校和企业共同研讨完成，校企联动，实行招生招工、入校入厂一体化机制。现代学徒制运行体系可实现精准招生，优先考虑贫困学生，以造血式教育扶贫代替了传统的输血式教育扶贫。

校企签订《校企合作协议书》，在企业与学校双方的职责、权利等方面进行细化、明晰，为校企“双主体”现代学徒制育人提供了基本框架和指导意见，同时保证了双方高质量、高效率推进项目实施，为学生打造成长成才平台提供保障。

（3）制度保障——出台管理办法。出台了《现代学徒班双导师管理方法》《现代学徒班企业实习管理方法》《学徒考核评价管理办法》《教师下企业顶岗实践管理办法》等，保证现代学徒制的顺利运行。

（4）培养依据——制定系列标准。以教学过程对接生产过程、课程内容对接职业标准、专业设置对接产业需求为标准制定原则，校企共同研讨制定学校导师标准、企业导师标准、课程标准、学徒班专业标准、企业岗位标准等，使人才培养有据可依。

（5）培养指南——设计系列方案。制定实施了《招工招生一体化宣传方案》《金光学徒班人才培养方案》《金光学徒班企业实施方案》等。

（6）形成了“双元育人、四岗递进、八共举措”圆梦助学广西特色现代学徒制模式。在现代学徒制人才培养方案的运行过程中，金光集团 APP（中国）和广西工业职业技术学院实现校企深度融合，双元育人，双元扶贫扶智，构建了具有助学扶贫特征、制浆造纸风格的“双元四岗八共 金光圆梦助学 ”广西特色现代学徒制模式（图 6-7）。

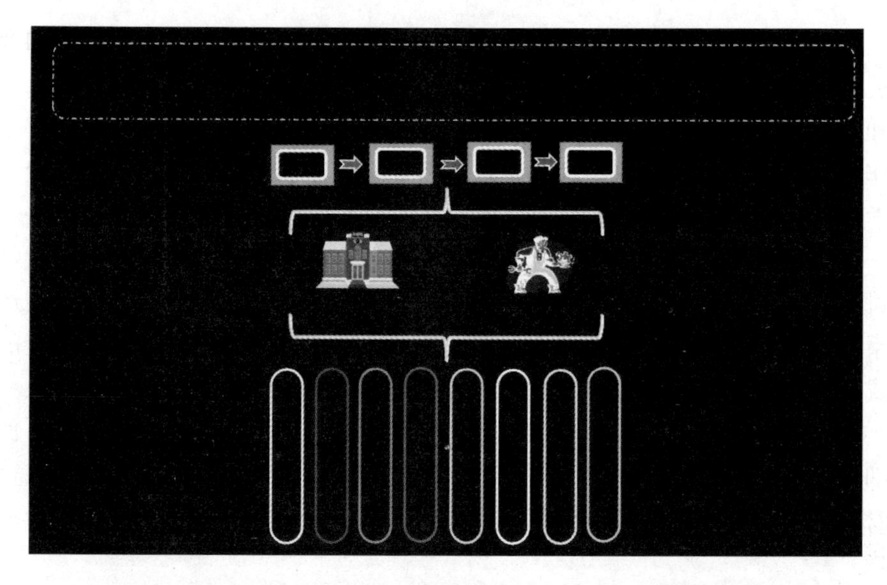

图 6-7 “双元四岗八共 金光圆梦助学”广西特色现代学徒制模式

校企双元共建现代学徒制的管理机构，完成了校企合作协议，企业、学徒、家长三方协议的签订，完善了学徒管理教学运行制度，出台了学徒在岗管理办法、双师队伍管理办法等，制定了专业标准，学徒岗位标准等，实现了现代学徒制人才培养方案以及招生招工一体化机制的顺利运行。

2.“中南华为 SMT”现代学徒班，共育电子通信人才

学院与华为机器有限公司及中南国际人力资源（深圳）有限公司合作，共建人才培养基地，在物联网应用技术、电子应用技术、机电一体化技术等专业中共设 “中南华为 SMT”现代学徒班，共育电子通信人才，共同推动通信事业和职教事业的发展（图 6-8）。

图 6-8 “中南华为 SMT”现代学徒班开班仪式

按照 SMT 岗位特点，通过“企业课程—实操实践—实习就业”三大阶段，对在校生进行长期培养，基于校企合作的模式培养智能制造人才。

借鉴德国的“双元制”职业教育体系，建立华为校企合作的学徒技师培养双元课程体系，如图 6-9 所示。

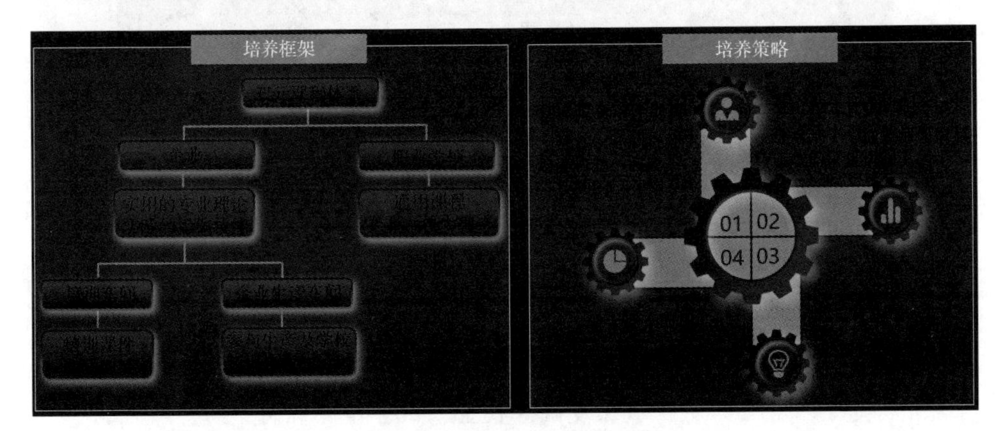

图 6-9　培养框架和策略

3. 南南铝机器人现代学徒班，培养智能制造工匠

智能制造专业群中的机电一体化技术专业以及工业机器人技术专业联合南南铝业股份有限公司共同设立“南南铝工业机器人现代学徒班”，培养智能制造工匠。校企共建智能制造车间，打造共享型生产实训基地；在“南南铝智能制造学院”建设智能制造工厂（车间），打造产教融合共建、共管、共享型生产实训基地。

4. 实施深南现代学徒班

智能制造专业群中的机械制造与自动化专业、机械设计与制造专业与深南电路股份有限公司合作成立“深南现代学徒班”，培养集成电路技能型人才（图 6-10）。

图 6-10　深南现代学徒班开班仪式

5. 构建了“1+1+X”产教深度融合校企“四合作”机制

第一个“1”是工业职业教育集团，第二个“1”是学院，“X”是职业教育集团下的成员（政府、行业、企业等）。整合政府、企业、学院三方面的优质资源，形成政、校、企合作运行机制，推进“专业设置共议、课程体系共定、师资队伍共培、人才培养共管、实训基地共建、教育资源共享、校企文化共融”校企协同育人，最终形成了“合作办学、合作育人、合作就业、合作发展”的良好局面（图 6-11）。

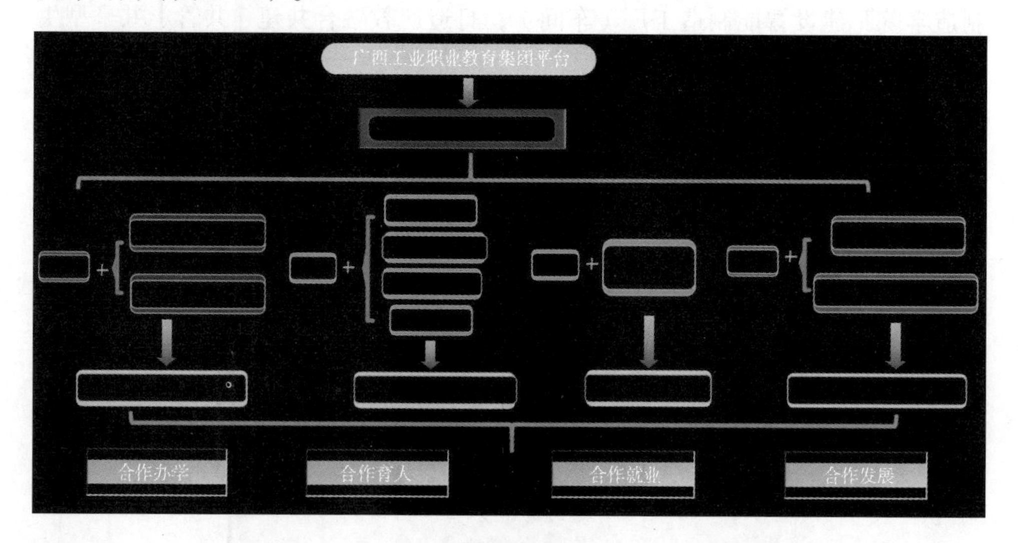

图 6-11　“1+1+X”产教深度融合校企“四合作”机制

三、研究智能制造专业领军人物及团队成长路径，打造高素质的专业群发展研究队伍

（一）学院建立了师资队伍选拔、培养、培训、考核等一系列管理办法，形成制度保障

学院重视师资队伍建设，出台了《专业带头人选拔管理办法》《教师顶岗实践锻炼制度》《骨干教师选拔与认定办法》《青年教师培养》《管理制度》《学院教学名师评选管理办法》《师资培训与公派进修管理办法》《校外兼课教师管理办法》等一系列教师管理制度和办法（图 6–12）。

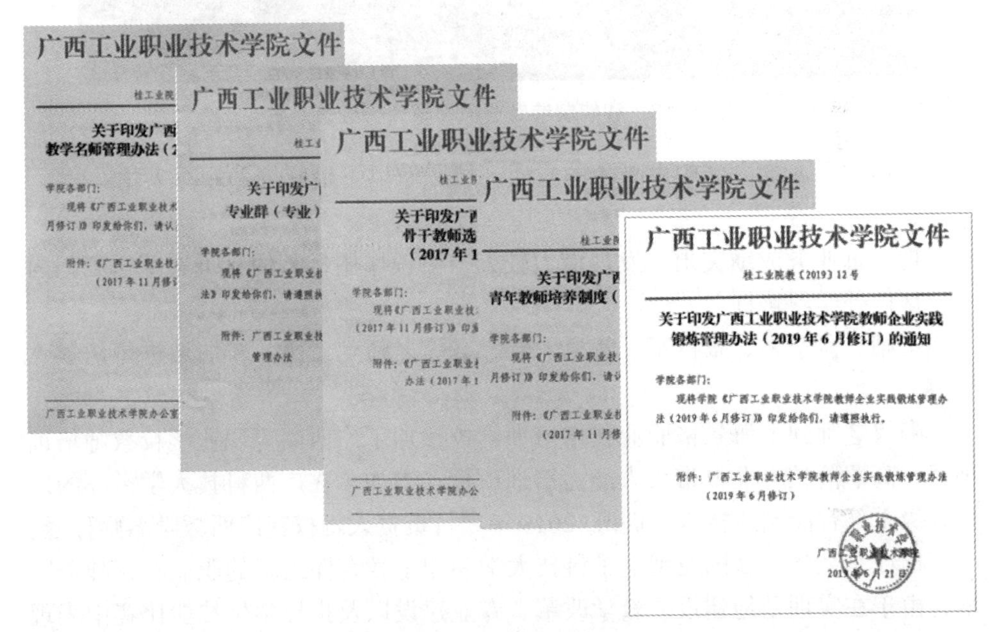

广西工业职业技术学院文件

桂工业院教〔2019〕12 号

关于印发广西工业职业技术学院教师企业实践锻炼管理办法（2019 年 6 月修订）的通知

学院各部门：

现将学院《广西工业职业技术学院教师企业实践锻炼管理办法（2019 年 6 月修订）》印发给你们，请遵照执行。

附件：广西工业职业技术学院教师企业实践锻炼管理办法（2019 年 6 月修订）

广西工业职业技术学院

2019 年 6 月 21 日

图 6–12　教师管理制度

（二）研究智能制造专业群领军人物必备素质

领军人物是团队形成和发展的关键，要成为智能制造专业群领军人才，必须要具备以下素质：一是具有先进的职业教育思想理念；二是具有团队协作精神以及推动职业教育稳步发展、逐步创新的组织领导才能；三是具有扎实、高超的专业知识技能；四是具有追求卓越的精神，紧跟时代潮流创新创优的精神；五是具有求真务实的工作作风；六是具有宽广的智能制造视野和发展思路（图 6–13）。领军人物不只是一个人，应该是一批人。

图 6-13　智能制造专业群领军人物必备素质

根据领军人物六个应该具备的素质，可采取以下措施培养领军人物。

1. 送出去学习

把一批业务成绩突出、发展潜力较大、引领作用显著的骨干教师送到国内外、区内外学习培训。

王娟、孟学林、张良军、黄凯、庞广富等老师到泰国、新加坡进行访学、考察。

陶权老师到上海景格职业技术培训学校参加了广西高等职业学校教师培训项目、高职院校专业群带头人能力培训项目，参加了在广西科技大学举办的广西处级干部智能制造技术培训班。2019年项目负责人陶权获广西教学名师称号。

杨铨、吴坚、度国旭到电子科技大学参加了教育厅组织的职业教育师资国培，由于在实训基地建设、教学改革、专业建设以及指导学生技能比赛中表现出色，这三位青年教师都走上了学院中层领导岗位。

学院派出骨干教师参加区内外的各种业务培训、进修、交流、研讨等培训。

赴泰国、新加坡：5 人次。

省培国培：8 人次。

其他外出培训：21 人次。

挂职锻炼：10 人次。

校内各级各类培训：66 人次。

2. 校内培育

定期举办专业负责人培训班，请区内外职教专家到校开展职业教育发展及职业教育新理念讲座，开展各级教学观摩活动，紧跟职业教育改革潮流，组织职业教育相关研讨，重塑教师的教育观念。

通过申报特色专业、双高及各种教研、科研项目，专业负责人开阔了视野、深化了同行交流、更新了理念、学习了新技术、提高了业务水平、提升了管理能力。

（三）教师个人发展路径

教师个人发展路径：新教师—教学新秀—骨干教师—专业负责人—教学名师—教育专家。

针对这几年引进新教师比较多，骨干教师以及专业带头人等组成的精英教师队伍还不成规模，无法形成老带新，实现对年轻教师执教能力的迅速提升等问题，我们采取了以下措施：

（1）要求教师以三年为期，制定明确的个人发展规划，包括发展目标、措施等内容，并对其进行年度考核。

（2）实行“以老带新”制，每个青年教师配置一名导师，制订三年培养计划，提升教师团队整体业务水平。

（3）每年举办各种提升教师能力的比赛，如青年教师的“新秀杯”教学过关比赛，学院教师教学能力比赛，评选最受欢迎教师、最美教师等活动。通过开展多样化的教师业务水平比赛，树典型促教风。

（4）开展多层次、多渠道师资培训。

专业负责人培训、教学能力大赛培训、校内新教师培训、邀请专家讲座培训等。

赴区外进修，参加各级学术会议及研讨班，拓展教师思维，学习新的教学理论和教学方法。

邀请行业专家到学校来做专题讲座，开阔视野、更新教学理念。

（5）每两年进行一次学院教学名师评比，培育区级教学名师。

通过以上措施，引导教师不断对教学内容及方式进行研发、创新和改革，提升专业水平，使教师不断得到成长，带动一批教学新秀，“双师型”教师队伍总量不断提升，快速推动了教学梯队的建设。

现智能制造专业群有区教学名师 1 名，石油化工行业教学名师 1 名，学院教学名师 3 名。

（四）专业群教师研究成果

1. 研究专著

（1）韩志刚、王娟、陶权、杨铨等出版《“双对接、四合作”人才培养模式的研究与实践》专著，提出了将思政元素融入人才培养模式观点，对应研究获得广西职业教育教学成果一等奖。

（2）吴坚、陶权、庞广富等结合2016年广西职业教育教学改革研究重大招标课题“职业院校教学诊断与改进工作实践探索研究”出版专著《职业院校专业教学诊断与改进的实践研究》。

（3）陶权、王娟、庞广富等结合金光电气自动化现代学徒班的实践探索出版了《现代学徒制人才培养金光模式研究与实践》专著。

2. 发表论文

根据专业群发展研究成果，发表论文15篇。

3. 编写活页式教材

在智能制造专业群“三教”改革的研究基础上，编写了《PLC控制系统设计、安装与调试》活页式教材，《PLC控制系统设计、安装与调试》（第4版）获全国首届优秀教材评比二等奖。在金光电气自动化现代学徒制实践中，编写了金光现代学徒班教学案例活页教材。

四、形成了一批智能制造专业群发展研究成果

项目的理论研究，促进了理论创新，出版了专著，发表了一系列教改论文。项目的实践探索，形成了一批实践成果。

（1）获得一批教学成果。

（2）带动了智能制造专业群中的专业的建设。

（3）建设了高水平结构化的教学团队。

（4）“三教”改革取得初步成效。

（5）1+X证书试点成果显著。

（6）创新了产教融合、校企合作人才培养模式。

（7）学生技能比赛成绩显著。

（8）社会服务能力增强。

表6-1为智能制造专业群发展研究成果一览表。

表 6-1 智能制造专业群发展研究成果一览表

成果项目	成果名称	级别 / 出版社 / 期刊	时间
理论研究成果	专著 1:《现代学徒制人才培养金光模式研究与实践》	吉林大学出版社	2021 年 8 月
	专著 2:《“双对接、四合作”人才培养模式的研究与实践》	西南大学出版社	2018 年 2 月
	专著 3:《职业院校专业教学诊断与改进的实践研究》	广西师范大学出版社	2019 年 12 月
	论文 1:《智能制造专业群产教融合校企合作构建协同育人融合发展机制研究与实践》	装备制造技术	2021 年
	论文 2:《智能制造专业群“基础平台共享、专业方向分立、专业拓展互选、岗课证赛融合”课程体系的构建》	装备制造技术	2021 年
	论文 3:《基于诊改的机械制造与自动化课程体系研究》	中国教育学刊	2021 年 7 月
	论文 4:《“圆梦计划”金光自动化现代学徒制人才培养方案研究与制定》	装备制造技术	2018 年
	论文 5:《PLC 应用技术课程思政教学改革的设计与实践》	装备制造技术	2021 年
	论文 6:《基于悉尼协议范式的电气自动化技术专业诊改研究》	装备制造技术	2021 年
	论文 7:《金光现代学徒班感恩教育的实践》	装备制造技术	2021 年
	论文 8:《基于“厂中校”的现代学徒制实践探索》	广西教育	2017 年
	论文 9:《基于现代学徒制的专业人才培养模式探讨》	柳州职业技术学院学报	2018 年
	论文 10:《以学生为中心的差异化人才培养课程体系构建与实践》	年轻人	2021 年 6 月

续　表

成果项目	成果名称	级别 / 出版社 / 期刊	时间
	论文 11：《新型活页式、工作手册式教材开发与使用研究》	轻工科技	2021 年 1 月
	教材 1：《PLC 控制系统设计、安装与调试》（第 5 版）活页式教材	北京理工大学出版社	2021 年
	教材 2：《PLC 控制系统设计、安装与调试》（第 4 版）获全国首届优秀教材评比二等奖	北京理工大学出版社	2021 年
	教材 3：《S7-300/400PLC 基础及工业网络应用技术》	机械工业出版社	2015 年
	教材 4：《工业机器人应用基础》	华中科技大学出版社	2020 年
	教材 5：《自动化综合应用工程》	化学工业出版社	2018 年
	教材 6：《DCS 控制系统运行与维护》	北京理工大学出版社	2018 年
	教材 7：《传感器与 PLC 技术》	华中科技大学出版社	2020 年
	教材 8：《自动化生产线技术》	海洋出版社	2019 年
	教材 9：《机械设计基础》	东北师范大学出版社	2018 年
	教材 10：《数控加工技术》	化学工业出版社	2019 年
教学成果	《“双对接、四合作”人才培养模式的研究与实践》获广西职业教育教学成果一等奖	区级	2019 年
	《“目标引领、过程监控、质量提升”广西职业院校质量保证体系诊改的探索与实践》获广西职业教育教学成果一等奖	区级	2019 年
	《适应广西制糖业发展的“对接—协同—国际化”专业建设改革探索与实践》获广西职业教育教学成果二等奖	区级	2019 年
	《面向北湾区域产业的电气自动化技术专业人才培养模式研究与实践》获广西职业教育教学成果三等奖	区级	2017 年

续　表

成果项目	成果名称	级别 / 出版社 / 期刊	时间
	《圆梦金光 助力扶贫——少数民族地区现代学徒制人才培养"金光模式"的创新与实践》获教学成果一等奖	院级	2021 年
	《"产教融合 、五阶五层、三课联动"的智能制造专业群人才培养模式创新与实践》获学院教学成果一等奖	院级	2019 年
	《开发特色教材、深化课程改革、推进专业建设"三位一体"的教学改革研究与实践》获学院教学成果一等奖	院级	2017 年
专业建设成果	机械制造与自动化专业群获广西高水平建设专业（包含工业机器人、机电一体化、机械设计与制造等专业）	区级	2019 年
	电气自动化技术、工业机器人、机械制造与自动化获创新行动计划骨干专业	国家	2019 年
	工业自动化示范特色专业及实训基地项目（建设经费 1000 万元）	区级	2015 年
	工业机器人示范特色专业及实训基地项目（建设经费 1000 万元）	区级	2018 年
	机械装备制造技术示范特色专业及实训基地项目（建设经费 1000 万元）	区级	2019 年
	智能制造协同创新中心	区级	2019 年
	工业机器人技术获自治区教育厅校企合作专业建设和课程开发试点专业	区级	2018 年
	电气自动化技术专业、工业机器人技术专业是区首批现代学徒制试点专业	区级	2018 年
	广西职业教育智能制造专业群发展研究基地	区级	2018 年
	机械设计制造及其自动化获产教融合协同培养应用型本科专业	区级	2019 年

续　表

成果项目	成果名称	级别 / 出版社 / 期刊	时间
“三教”改革成果	陶权获广西教学名师	区级	2019 年
	孟学林获广西高等学校千名中青年骨干教师培育人才	区级	2019 年
	孟学林获全国石油和化工教育教学名师	行业	2019 年
	杨铨、黄凯获学院教学名师	院级	2018 年
	获广西职业院校技能大赛职业院校教学能力比赛一等奖 2 项，二等奖 7 项	区级	2017—2021 年
	PLC 应用技术获广西精品在线课程	区级	2021 年
	《PLC 控制系统设计、安装与调试》（第 4 版）获全国首届优秀教材评比二等奖	国家级	2021 年
	装备制造技术获广西专业资源库项目	区级	2020 年
1+X 证书试点成果	1. 工业机器人操作与运维 2. 工业机器人系统集成 3. 工业互联网运维	区级	2019 年 2020 年
	1+X 证书试点管理中心两个（机器人和工业互联网）	区级	2020 年
产教融合成果	智能制造产业学院助推玉柴获产教融合型企业	区级	2020 年
	金光自动化现代学徒班助推广西金桂浆纸业有限公司获产教融合型企业	区级	2020 年
	成立智能制造产业学院	区级	2019 年

续　表

成果项目	成果名称	级别 / 出版社 / 期刊	时间
技能比赛成果	全国三维数字化创新设计大赛一等奖	国家级	2018 年
	全国智能制造应用技术技能大赛切削加工智能制造单元安装与调试赛项二等奖	国家级	2019 年
	“电梯装调与维护”赛项获全国高职院校技能比赛三等奖	国家级	2019 年
	“制造单元智能化改造与集成技术”获全国高职院校技能比赛三等奖	国家级	2019 年
	全国智能制造应用技术技能大赛广西选拔赛一等奖	区级	2019 年
	广西职业院校技能大赛高职组机械设备装调与控制技术项目团体赛一等奖	区级	2018 年
	广西职业院校技能大赛高职组工业设计与产品快速成型项目团体赛一等奖	区级	2018 年
	广西职业院校技能大赛教学能力比赛课堂教学赛项“无缝衔接”——对压辊四轴联动加工获一等奖	区级	2019 年
	《AI“智”适应教育表情分析系统》获广西“互联网 +”创新创业大赛金奖	区级	2019 年
服务产业成果	多工业机器人协同电子元器件全自动化包装线技术研究	区级	2018 年
	“产品创新设计与快速成型大赛”配套设备研制	区级	2018 年
	“高价值钻头自动测量激光熔覆再制造生产线专用机器人研发”项目	区级	2017 年
	承办广西职业院校技能大赛高职组工业设计与产品快速成型赛项	区级	2018 年
	承办 2021 年广西中职学校自动化类技术师资培训	区级	2021 年

第二节　智能制造专业群建设发展研究成果推广应用成效显著

智能制造专业群研究成果在区级示范专业、特色专业、学徒制试点、骨干专业建设等方面起到了推动作用。

经过几年的深化实践、理论提升、以点带面，获得地方政府4000多万元的资金支持，专业群建设走上新台阶。

（1）2018年工业机器人技术获示范特色专业及实训基地建设项目（经费1000万元）。

（2）2015年工业自动化技术获示范特色专业及实训基地建设项目（经费1000万元）。

（3）2015年机械制造与自动化获示范特色专业及实训基地建设项目（经费1000万元）。

（4）2017年机械装备技术（智能制造）获示范特色专业及实训基地建设项目（经费1000万元）。

（5）2018年工业机器人获自治区教育厅校企合作专业建设和课程开发试点专业。

（6）电气自动化技术专业、工业机器人技术专业是广西首批现代学徒制试点专业。

（7）智能制造专业群获广西职业教育发展研究基地（建设经费20万元）。

（8）电气自动化技术专业、工业机器人技术专业、机械制造与自动化专业获创新行动计划骨干专业。

（9）引入国际标准，以《悉尼协议》专业建设范式为标准来打造电气自动化技术、机械制造与自动化专业，助推专业诊改。依据“以学生为中心、以成果为导向、持续质量改进、专业个性”的专业建设理念，厘清专业、课程、课堂三者间目标的逻辑关系，对相关标准和流程进行改革、升级和优化，使其与国际范式接轨，保证了专业建设质量。

（10）建设成果推动了电气自动化技术专业与世界500强企业金光集团APP（中国）开展了“现代学徒制”合作，在同类院校中起到了很好的示范作用；建设成果推动了机电一体化技术、机械制造与自动化等专业与华为机器有限公司及中南国际人力资源（深圳）有限公司合作，共建人才培养基地，共设

“中南华为 SMT 订单班”，共育电子通信人才；建设成果推动了工业机器人技术、数控技术等专业与南南铝业股份有限公司共同设立“南南铝工业机器人订单班”，培养智能制造工匠。

智能制造专业群建设成果如图 6-14 所示。

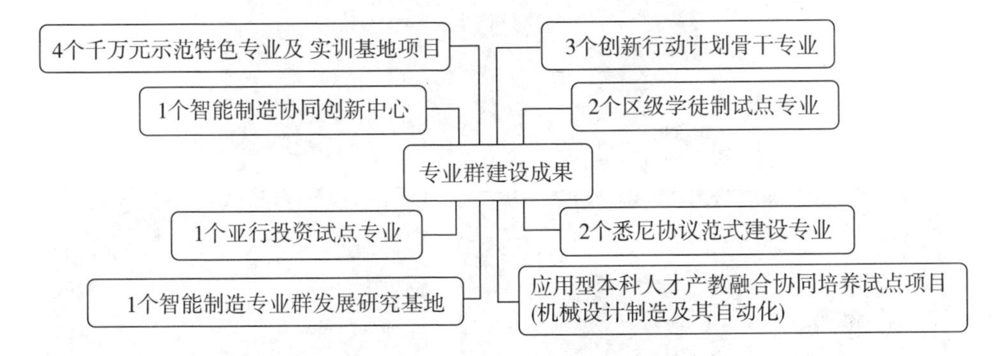

图 6-14　智能制造专业群建设成果

一、智能制造专业群研究促进了理论创新

在项目教学实践中加强理论研究，团队成员参与了广西教育科学“十二五”课题广西工业职业教育集团“双对接，四合作”人才培养模式的研究与实践，出版了专著《“双对接、四合作”人才培养模式的研究与实践》。

本项目研究成果形成的一系列教材和论文已在国内发行的相关刊物、图书中公开发表，并先后被数量众多的文摘、文集、文选转载、收录，其中的许多观点、方案、做法被其他论文、著述引用。本项目研究成果已在院内的各类专业普遍推广应用，同时被许多兄弟院校广泛采用，产生了一定的社会影响（图 6-15）。

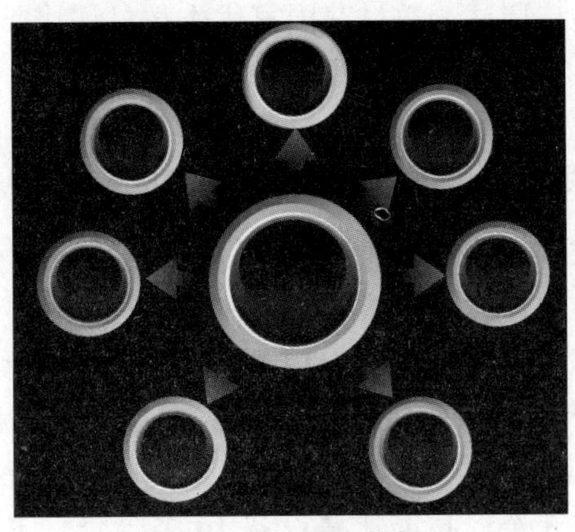

图 6-15　理论创新

二、智能制造专业群研究推进出版了一批高职特色教材

专业群教师共主编了 17 本教材，参编了 10 多部教材，自编校本教材 10 本，如图 6–16 所示。

图 6–16　出版教材

其中，《PLC 控制系统设计、安装与调试》教材自 2009 年首次印刷以来，发行了 50 000 多册，受益学生和社会学习者 50 000 余人，在全国近 70 所高职学校自动化类相关专业使用，代表学校有广西工业职业技术学院、湖南工业职业技术学院、大连职业技术学院、山东工业职业学院等，同时该教材还作为职业技能培训学校及企业培训教材使用，获得了全国各地教师和学生的广泛认可和青睐。用书院校的普遍反映：该教材内容简练、案例丰富、图文并茂、强调实用，产生了良好的应用推广效果。

教材育人功能显著，示范辐射面大，具有示范性和引领性。2021 年《PLC 控制系统设计、安装与调试》教材获国家优秀教材评比二等奖，获北京理工大学出版社全国优秀作者奖和优秀教材使用效果突出奖。

三、智能制造专业群研究助推建成了全区领先的智能制造实训基地

专业群的快速发展带动了实训基地以及示范特色专业的建设，专业群获得广西壮族自治区财政厅专业群建设经费 4000 多万元，建成智能制造车间一个，机器人焊接汽车生产线一个，3D 打印实训中心一个，仿南南铝业股份有限公司的铝加工生产线两条，机器人仿真实训室一个，机器人基础应用实训中心一个，机器人维修维护工作站一个，工业互联网及云技术实训中心一个，西门子自动化实训室 3 个，技能比赛设备 10 多台套，实训基地总共有工业机

器人30多台，在全区处于领先地位，每年为1500名学生提供实践教学平台（图6-17）。

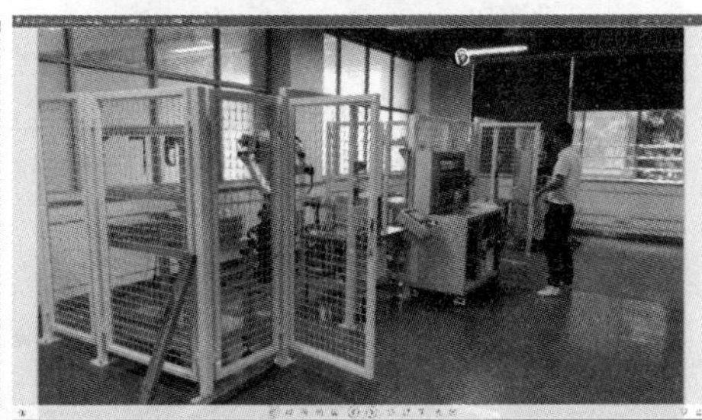

图6-17　智能制造实训基地

实训基地的建设成果和经验得到了企业和相关同行的高度认可，70多家企业和院校来到实训基地参观学习；近两年来智能制造实训基地先后承办了广西壮族自治区总工会全区企业工业机器人应用技术培训、南南铝业股份有限公司员工机器人技术和数控加工技术培训、西门子广西分公司PLC和变频器技术培训等大型技术交流活动。

四、智能制造专业群研究促使专业群服务社会能力不断增强

（1）2017 年、2018 年连续承担了广西壮族自治区总工会、广西机械工业联合会、广西机械工业研究院举办的“广西智能制造技术技能培训班——工业机器人技术应用”，完成了培训全区制造业企业 150 人的培训任务。2019 年承担了南南铝业股份有限公司员工的工业机器人培训工作。

（2）2021 年 8 月承办了教育厅全区中职自动化类专业 80 名师资培训。

（3）作为广西唯一 3D 打印造型师培训点，通过“3D 打印造型师师资认证培训班”等方式，培养了近百名掌握了 3D 打印技术的造型师（图 6–18）。

图 6–18　举办全国及国际性的 3D 打印技术比赛

（4）促进了国际化合作办学，其中对埃塞俄比亚糖业公司 OMO3 糖厂的技术人员开展了为期三个月的糖厂电仪自动化（PLC 技术、DCS 技术）培训，成为学院级同类院校依托优势特色专业开展服务“一带一路”的典型案例，起到了很好的示范效应（图 6–19）。

图 6–19　广西卫视报道埃塞俄比亚糖业公司 OMO3 糖厂项目培训

（5）2019 年 3 月 23—24 日，由广西职业技术学院电子与电气工程系和深圳市越疆科技有限公司、广东共创智能机器人有限公司共同主办了“ 2019 广西区智能机器人及人工智能技术暨专业建设研讨会”，区内外 15 所院校共计

75 名教师参加了本次研讨会。

（6）承办区级以上技能大赛 9 次，其中连续 5 年举办广西职业院校技能大赛高职组电子产品设计与制作赛项，4 次举办广西职业院校技能大赛高职组机械设备装调与控制技术项目赛项、工业设计与产品快速成型项目赛项。

（7）依托创新创业平台，对南宁市第十中学、南宁市桂雅路小学、南宁市第四职业技术学校等学校进行帮扶，开展培训班 30 余次，有力地促进了 3D 打印技术在中小学中的推广，同时大力推进创业教育，孵化创业团队两个。

五、智能制造专业群建设发展研究成果区内外示范推广作用明显，领导参观、媒体报道提升了社会影响力

（1）成果得到区领导和院士肯定，广西壮族自治区原党委书记鹿心社、彭清华，智能制造专家李培根院士均到智能制造研发中心现场参观、调研，并对专业建设成果进行了肯定，勉励研发中心为全区中小型企业提升技术水平、延长产业链、提高附加值多做贡献，为产业高质量发展提供人才支撑（图 6–20）。

（a）广西卫视报道鹿心社参观广西工业职业技术学院智能制造研发中心

（b）彭清华参观广西工业职业技术学院的 3D 打印应用成果，并给予高度肯定和赞扬

（c）“3D 打印第一人”清华大学教授颜永年教授莅临 3D 打印实训中心

（d）国家智能制造专家李培根院士到逆向工程与 3D 打印实训中心指导工作

图 6-20　领导、专家参观

（2）专业群改革经验向区内外中高职院校推广，成果受到区内外诸多兄弟院校关注，近几年接待国内 70 多个企事业、职业院校领导和骨干教师来校参观考察交流。吸引湖南工业职业技术学院、常州机电职业技术学院等 70 余所区内外院校到校参观交流（图 6-21）。

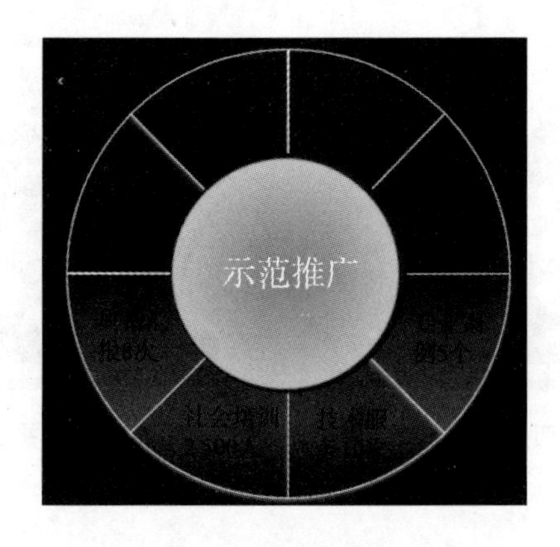

图 6-21　示范推广

（3）建设成果与经验多次在区内中高职院校相关会议中作为典型材料，并在区内外多所职业院校推广应用，广受好评，如电气自动化技术专业与世界500强企业金光集团APP（中国）开展的“圆梦计划”，金光自动化现代学徒制被广西日报、南国早报、广西教育新闻网、南宁晚报等媒体报道。专业建设诊改案例被选到广西职业院校内部质量保证体系会议上展示，社会反响良好。

（4）专业教学团队成员先后应邀到广西工业技师学院、广西理工职业技术学院、广西电力职业技术学院、广西机电职业技术学院、博白县职业中等专业学校、武鸣区职业教育中心、藤县职业教育中心进行关于专业建设、教学改革和人才培养的专题指导，分享教学改革以及专业建设的经验和成果。

参考文献

[1] 许朝山 , 顾卫杰 , 孙华林 . 新基建背景下智能制造专业群人才培养路径探索 [J]. 中国职业技术教育 , 2020, 752(28): 10–15.

[2] 张红 . 高职院校高水平专业群建设路径选择 [J]. 中国高教研究 , 2019(6): 105–108.

[3] 彭铁光 . 职业院校专业群构建的路径研究与实践——以湖南外贸职业学院为例 [J]. 长江丛刊 , 2019(33): 123–124.

[4] 孙峰 . 专业群与产业集群协同视角下的高职院校专业群设置研究 [J]. 高等教育研究 , 2014(7): 46–50.

[5] 沈建根 , 石伟平 . 高职教育专业群建设 : 概念、内涵与机制 [J]. 中国高教研究 , 2011(11): 78–80.

[6] 应智国 . 论专业群建设与高职办学特色 [J]. 嘉兴学院学报 , 2001(4): 90–92.

[7] 王玉龙 , 刘晓 . 以院建群还是以群建院？——兼论高职院校高水平专业群建设的基层治理模式 [J]. 职教论坛 , 2020(21): 9.

[8] 孔庆新 . 高职专业群“底层共享 , 中层分立 , 高层互选”课程体系的构建——以食品生物技术专业群为例 [J]. 职业教育研究 , 2013(7): 22–23.

[9] 鲁娟娟 , 王俊 , 王高山 , 等 . 高职院校“底层共享、中层分立、高层互选”专业群课程体系的探讨和实践 [J]. 职教通讯 , 2016(9): 1–4.

[10] 郑志霞 , 李文芳 , 陈庆堂 , 等 . 新工科背景下装备制造专业群课程体系构建 [J]. 中国现代教育装备 , 2020, 331(3): 46–48, 51.

[11] 于志晶 , 刘海 , 岳金凤 , 等 . 中国制造 2025 与技术技能人才培养 [J]. 职业技工教育 , 2015(21): 10–24.

[12] 周建松 , 郑亚莉 . 学习贯彻国家职业教育改革实施方案 [M]. 杭州 : 浙江工商大学出版社 , 2020.

[13] 梁明义 , 王本强 , 马越 . 职业教育知识实用手册 : 职业教育基本概念与高等职业教育特色内涵 [M]. 兰州 : 兰州大学出版社 , 2008.

[14] 赵鹏飞 . 现代学徒制“广东模式”的研究与实践 [M]. 广州 : 广东高等教育出版社 , 2015.

[15] 周浩波，高宏梅．服务与支撑：基于产业集群的职业教育专业集群建设研究 [M]. 沈阳：辽宁人民出版社，2012.

[16] 邓志革，黎修良，沈言锦．“中国制造 2025”背景下的汽车专业群建设方案研究——以湖南汽车工程学院为例 [M]. 北京：中南大学出版社，2016.

[17] 巫兴宏．汽车自动变速器维修工作页 [M]. 北京：人民交通出版社，2007.

[18] 吴群，白树全．高职汽车专业现代学徒制订单培养创新与实践 [M]. 北京：化学工业出版社，2018.

[19] 龙海．高质量发展背景下高职院校高水平专业群建设对策研究 [J]. 天津职业大学学报，2020(3): 12–16.

[20] 龙海．“双高”背景下高职专业群建设对策研究 [J]. 职业教育研究，2020(8): 53–57.

[21] 陶权，韩志刚．“圆梦计划”金光自动化现代学徒制人才培养方案研究与制定 [J]. 装备制造技术，2018(9): 206–209.

[22] 许艳丽，李资成．中国制造 2025 背景下高职院校复合型人才能力培养研究 [J]. 中国职业技术教育（教学版），2017(20): 5–9.

[23] 曹著明，阎兵，宋改敏．专业群人才培养模式下“三教”改革研究 [J]. 职业教育研究，2020(8): 41–46.

[24] 薛东亮．基于现代学徒制的“三教”改革探索——以河南信息工程学校为例 [J]. 河南教育（职成教），2020(6): 27–29.

[25] 王栋，韩翠文．产教融合背景下校企合作人才培养模式探究 [J]. 经济研究导刊，2019(22): 147–148.

[26] 沈志钢．构建高职机械制造专业群的探索 [J]. 产业与科技论坛，2013, 12(5): 209–210.

[27] 刘小娟，金志刚，黄信兵，等．《中国制造 2025》背景下智能制造专业群建设研究——以中山职业技术学院为例 [J]. 教育教学论坛，2020(29): 9–12.

[28] 丰崇友，张金美，王进满，等．“工学结合”模式下高职院校机电专业群平台课程的研究 [J]. 潍坊教育学院学报，2010, 23(5): 84–85, 94.

[29] 刘倩婧．智能制造行业发展与人才需求变化 [J]. 教育现代化，2017(9): 17–18, 23.

[30] 张媛媛．金光纸业启动卓越人才联合培养“圆梦计划”[N]. 南京日报，2018-05-25(B2).